今すぐ使えるかんたんmini ➡

Imasugu Tsukaeru Kantan mini Series

Power Pointで

困ったときの

解決&便利技

2019/2016/2013/365 対応版

厳選

技術評論社

本書の使い方

- ●画面の手順解説だけを読めば、操作できるようになる！
- ●もっと詳しく知りたい人は、補足説明を読んで納得！
- ●これだけは覚えておきたい機能を厳選して紹介！

特 長 1

機能ごとに
まとまっているので、
あなたの「困った！」が
すぐに見つかる！

● 補足説明

操作の補足的な
内容を適宜配置！

🖊 メモ
補足説明

📖 参考
操作のポイント

! 注意
注意事項

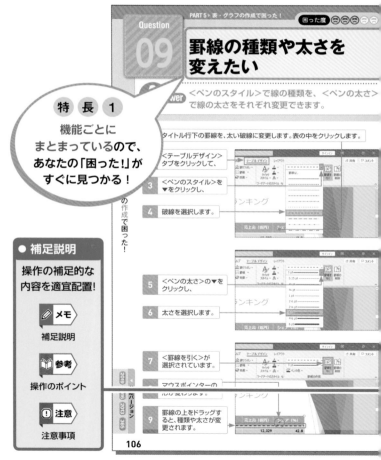

PART 5 ▶ 表・グラフの作成で困った！　　困った度 ☹☹☹☹☹

Question
09

罫線の種類や太さを
変えたい

＜ペンのスタイル＞で線の種類を、＜ペンの太さ＞
で線の太さをそれぞれ変更できます。

タイトル行下の罫線を、太い破線に変更します。表の中をクリックします。

＜テーブルデザイン＞
タブをクリックして、

3　＜ペンのスタイル＞を
▼をクリックし、

4　破線を選択します。

5　＜ペンの太さ＞の▼を
クリックし、

6　太さを選択します。

7　＜罫線を引く＞が
選択されています。

マウスポインターの

9　罫線の上をドラッグす
ると、種類や太さが変
更されます。

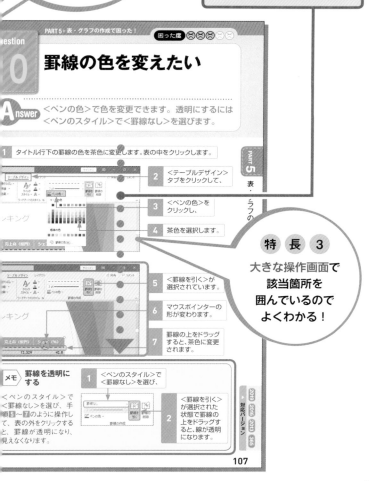

特長 2

やわらかい上質な紙を
使っているので、
開いたら閉じにくい！

● 基本操作

赤い矢印の部分だけを読んで、
パソコンを操作すれば、
難しいことはわからなくても、
あっという間に操作できる！

PART 5 ▶ 表・グラフの作成で困った！

困った度 😣😣😣😢😐

Question

10

罫線の色を変えたい

Answer <ペンの色>で色を変更できます。透明にするには
<ペンのスタイル>で<罫線なし>を選びます。

1 タイトル行下の罫線の色を茶色に変更します。表の中をクリックします。

2 <テーブルデザイン>
タブをクリックして、

3 <ペンの色>を
クリックし、

4 茶色を選択します。

特長 3

大きな操作画面で
該当箇所を
囲んでいるので
よくわかる！

5 <罫線を引く>が
選択されています。

6 マウスポインターの
形が変わります。

7 罫線の上をドラッグ
すると、茶色に変更
されます。

メモ 罫線を透明に
する

<ペンのスタイル>で
<罫線なし>を選び、手
順 5 ～ 7 のように操作し
て、表の外をクリックする
と、罫線が透明になり、
見えなくなります。

1 <ペンのスタイル>で
<罫線なし>を選び、

2 <罫線を引く>
が選択された
状態で罫線の
上をドラッグす
ると、線が透明
になります。

対応バージョン 2019 2016 2013 365

107

3

パソコンの基本操作

- ●本書の解説は、基本的にマウスを使って操作することを前提としています。
- ●お使いのパソコンのタッチパッド、タッチ対応モニターを使って操作する場合は、各操作を次のように読み替えてください。

1 マウス操作

▼ クリック（左クリック）

クリック（左クリック）の操作は、画面上にある要素やメニューの項目を選択したり、ボタンを押したりする際に使います。

マウスの左ボタンを1回押します。

タッチパッドの左ボタン（機種によっては左下の領域）を1回押します。

▼ 右クリック

右クリックの操作は、操作対象に関する特別なメニューを表示する場合などに使います。

マウスの右ボタンを1回押します。

タッチパッドの右ボタン（機種によっては右下の領域）を1回押します。

▼ ダブルクリック

ダブルクリックの操作は、各種アプリを起動したり、ファイルやフォルダー
などを開く際に使います。

マウスの左ボタンをすばやく2回押します。	タッチパッドの左ボタン（機種によっては左下の領域）をすばやく2回押します。

▼ ドラッグ

ドラッグの操作は、画面上の操作対象を別の場所に移動したり、操作対象
のサイズを変更する際などに使います。

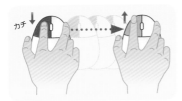 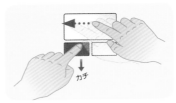

マウスの左ボタンを押したまま、マウスを動かします。目的の操作が完了したら、左ボタンから指を離します。	タッチパッドの左ボタン（機種によっては左下の領域）を押したまま、タッチパッドを指でなぞります。目的の操作が完了したら、左ボタンから指を離します。

🖉 メモ ホイールの使い方

ほとんどのマウスには、左ボタンと右ボタンの間にホイール
が付いています。ホイールを上下に回転させると、Web
ページなどの画面を上下にスクロールすることができます。
そのほかにも、[Ctrl]を押しながらホイールを回転させると、
画面を拡大／縮小したり、フォルダーのアイコンの大きさ
を変えたりできます。

2 利用する主なキー

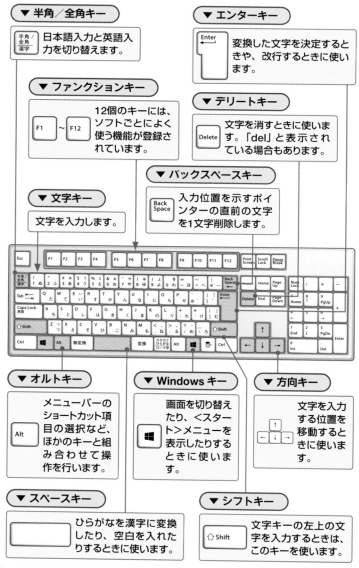

▼ 半角/全角キー

半角/全角 漢字　日本語入力と英語入力を切り替えます。

▼ エンターキー

Enter　変換した文字を決定するときや、改行するときに使います。

▼ ファンクションキー

F1 ~ F12　12個のキーには、ソフトごとによく使う機能が登録されています。

▼ デリートキー

Delete　文字を消すときに使います。「del」と表示されている場合もあります。

▼ 文字キー

文字を入力します。

▼ バックスペースキー

Back Space　入力位置を示すポインターの直前の文字を1文字削除します。

▼ オルトキー

Alt　メニューバーのショートカット項目の選択など、ほかのキーと組み合わせて操作を行います。

▼ Windows キー

画面を切り替えたり、＜スタート＞メニューを表示したりするときに使います。

▼ 方向キー

文字を入力する位置を移動するときに使います。

▼ スペースキー

ひらがなを漢字に変換したり、空白を入れたりするときに使います。

▼ シフトキー

↑Shift　文字キーの左上の文字を入力するときは、このキーを使います。

6

3 タッチ操作

▼ タップ

画面に触れてすぐ離す操作です。
ファイルなど何かを選択するときや、
決定を行う場合に使用します。マウ
スでのクリックに当たります。

▼ ダブルタップ

タップを2回繰り返す操作です。各種
アプリを起動したり、ファイルやフォ
ルダーなどを開く際に使用します。マ
ウスでのダブルクリックに当たります。

▼ ホールド

画面に触れたまま長押しする操作で
す。詳細情報を表示するほか、状況
に応じたメニューが開きます。マウ
スでの右クリックに当たります。

▼ ドラッグ

操作対象をホールドしたまま、画面
の上を指でなぞり上下左右に移動し
ます。目的の操作が完了したら、画
面から指を離します。

▼ スワイプ／スライド

画面の上を指でなぞる操作です。ペー
ジのスクロールなどで使用します。

▼ フリック

画面を指で軽く払う操作です。スワイ
プと混同しやすいので注意しましょう。

▼ ピンチ／ストレッチ

2本の指で対象に触れたまま指を広げ
たり狭めたりする操作です。拡大（ス
トレッチ）／縮小（ピンチ）が行えます。

▼ 回転

2本の指先を対象の上に置き、その
まま両方の指で同時に右または左方
向に回転させる操作です。

Contents

PART 3 図形の挿入で困った!

PART 4 写真・動画・音楽の挿入で困った!

PART 6 スライド切り替え・アニメーションで困った!

Contents

PART 8　もっと使いこなす！ ＋αの活用技

PART 1

PowerPointの基本で

困った！

Question 01

PowerPointで どんなことができるの？

スライドを作る、資料を印刷する、スクリーンにス ライドを映して発表を行う、といったことができます。

スライドを作り、発表の場で見せる

発表や提案の内容を伝えるための「スライド」を作成できます。発表の場では、「ス ライドショー」を行い、作成したスライドをスクリーンに表示しながら話を進めます。

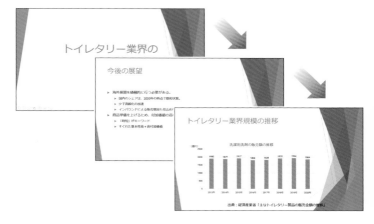

配布資料を印刷する

スライドは、プレゼンテーショ ンの参加者に配布する資料 として印刷できます。配布 資料には、さまざまなレイア ウトが用意されています。発 表者の原稿や補助資料とし てスライドを印刷することもで きます。

PowerPointの
画面の見方を知りたい

Answer スライドを選択する「サムネイルペイン」と編集領域
である「スライドペイン」で構成されます。

「標準」表示

初期状態で表示され
ている画面でプレゼン
テーションの作成、編
集を行います。「サム
ネイルペイン」と「スライ
ドペイン」の2つの領
域に分かれます。

❶サムネイル ペイン	スライドの縮小版 (サムネイル) が表示され、スライドを選択する際に利用します。
❷スライドペイン	編集中のスライドが大きく表示される領域です。文字の入力や表、グラフ、画像、図形などを挿入するときに使います。
❸ノート	「ノートペイン」(P.157参照) の表示・非表示を切り替えます。
❹標準	表示モードを「標準」表示に戻します。続けてクリックすると、ノートペインが表示され、サムネイルペインがアウトラインペイン (P.183参照) に切り変わります。
❺スライド一覧	表示モードを「スライド一覧」表示に切り替えます。
❻閲覧表示 ❼スライドショー	発表用の画面に切り替えるときにクリックします (P.160参照)。

「スライド一覧」表示

すべてのスライドのサムネイルが並んで表示され、スライドの順序の変更や構成の
確認に利用します。

PART 1 PowerPointの基本で困った！

2019 2016 2013 365 対応バージョン

17

Question 03

新しいプレゼンテーション を作りたい

Answer ＜新規＞画面の＜新しいプレゼンテーション＞をクリックします。

PART 1　PowerPointの基本で困った！

1 ＜ファイル＞タブをクリックします。

2 ＜新規＞をクリックし、

3 ＜新しいプレゼンテーション＞をクリックします。

4 白紙の プレゼンテーションが 表示されました。

📝 メモ　プレゼンテーション とスライド

PowerPoint では、ファイルの ことを「プレゼンテーション」と 呼びます。プレゼンテーション を構成する1枚1枚のページが 「スライド」です。

📝 メモ　テンプレートをもとに 新規作成する

手順**3**で「オンラインテンプレートと テーマの検索」欄にキーワードを入力 してテンプレートを検索すると、テンプ レート（P.35参照）をもとにして、新し いプレゼンテーションを作成できます。

Question

04

テーマって何？

Answer 「スライドの配色」、「フォントの組み合わせ」、「図形の特殊効果」をセットにしたデザインの見本集です。

テーマを利用するメリット

テーマとは、スライドで使われる配色や背景のグラフィックス、見出しや本文のフォントの組み合わせ、図形に設定される影やグラデーションなどの効果をあらかじめ決めておいたデザイン見本のことです。

テーマを利用すると、種類を選ぶだけで、スライドに統一感があり、なおかつ見栄えのするデザインを手間をかけずに設定できます。

1 <デザイン>タブをクリックし、　　**2** <その他>をクリックします。

3 テーマが一覧表示されます。

4 マウスを合わせるとテーマの名前が表示され、

5 適応した時の様子をスライドペインで確認できます。

6 テーマをクリックすると、プレゼンテーション全体にそのテーマが適用されます。

✏ **メモ** 配色やフォントは個別に変更できる

選んだテーマは変えずに、配色（P.30参照）やフォントの種類（P.34参照）だけを変更することができます。なお、これらを変更しても、背景グラフィックスやプレースホルダー（P.21参照）のレイアウトは変わりません。

PART 1 PowerPointの基本で困った！

2019 2016 2013 365 対応バージョン

19

困った度 😖😖😖😣😣

レイアウトって何？

Answer スライド上で、タイトル、テキスト、図表などの配置をあらかじめ定めたものです。

PART 1
PowerPointの基本で困った！

レイアウトを使うメリット

タイトルや文章などコンテンツの配置をスライドごとに設定するのは面倒なうえ、スライドを通して表示したときにばらつきが出てしまいます。そこでPowerPointには、あらかじめこれらの配置を定めた「レイアウト」が用意されています。

タイトルスライド
表紙のスライドに利用します。

> トイレタリー業界の
> 現状と動向
> 株式会社ビー・ライフ
> 企画部 中村良子

2つのコンテンツ
タイトルの下に2つの内容を
並べて入れます。

タイトルとコンテンツ
タイトルの下に1つの内容を入れます。

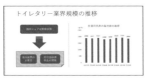

トイレタリー業界規模の推移

「大人用紙おむつ」の成長
・少子高齢化による高齢者の増加が背景。
・子供用おむつが6.5％減少する一方、大人用紙おむつは5.7％の増加。
・2020年には紙おむつ市場全体売上の4割を占めるようになる。

2019 2016 2013 365 対応バージョン

スライドでは、入力したい内容に合わせてレイアウトを選びます。一般に利用頻度が高いレイアウトは上の3種類です。レイアウトの種類は、＜ホーム＞タブの＜スライドのレイアウト＞から変更できます。

Question

困った度 😣😣😣😣😣

プレースホルダーって何？

Answer 箇条書きのテキスト、画像、表、グラフなどを入れるために用意された枠のことです。

プレースホルダーを使うメリット

レイアウト（P.20参照）を選ぶと、タイトルや箇条書きテキストなどを入力するための枠が見栄えよくスライドに配置されています。この枠が「プレースホルダー」です。決められた位置にあるプレースホルダーを選んで入力するだけでよいので、配置に頭を悩ませる必要がありません。また、プレースホルダーには、すでに書式が設定されているので、タイトルを中央揃えにするといった書式設定の手間も省けます。

1 プレゼンテーションのタイトルを入力するには、プレースホルダーの枠内をクリックします。

2 文字を入力します。Enter を押せば、枠内で改行できます。

3 プレースホルダーの外をクリックすると入力が完了します。

📝 **メモ** 入力内容を変更する

テキストの上で2回クリックすると、再びカーソルが表示され、入力内容を編集できます。

2019 2016 2013 365 対応バージョン

21

Question

07

箇条書きのスタイルを
変更したい

Answer　＜ホーム＞タブの＜箇条書き＞をクリックして、行頭記号の種類を変更できます。

1 箇条書きテキストのプレースホルダーを選択します（メモ参照）。

2 ＜ホーム＞タブの＜箇条書き＞のここをクリックして、

3 ＜箇条書きと段落番号＞をクリックします。

他社の海

▶ K社
中国でシャン
展開
▶ A製薬

4 箇条書きの行頭記号を選択できます。

5 行頭記号の大きさを変更できます。

6 行頭記号の色を変更できます。

7 画像の行頭記号を指定できます。

箇条書きと段落番号　　　　　　　　　　？　×

[箇条書き(B)] 段落番号(N)

なし

サイズ(S)　80　　％　　　　　図(P)...
色(C)　　　　　　　　　　　ユーザー設定(U)...

リセット(E)　　　　　　　　OK　　キャンセル

8 絵文字の行頭記号を選択できます。

9 ＜OK＞をクリックすると、箇条書きのスタイルが変更されます。

✎ メモ ▶ プレースホルダーを選択する

プレースホルダー内のテキストの上でクリックし、プレースホルダーの点線枠の上でもう一度クリックすると、枠線が実線に変わり、プレースホルダーを選択できます。

困った度 😵😵😵😕😕

Question

08

改行すると段落が変わってしまう

nswer 　同じ内容が続く場合は、Shift を押しながら Enter を押せば、段落を増やさずに改行できます。

他社の海外展開事例

▶ K社

| 1 | 社名の後ろで Shift を押しながら Enter を押します。 |

他社の海外展開事例

▶ K社

| 2 | 改行され、カーソルが次の行に移動しました。段落は同じままなので、行頭記号は追加されません。 |

 **参考 〉 読みやすさを優先して改行は多めに入れる**

スライドのテキストは、必ずしもプレースホルダーの右端まで入力する必要はありません。段落の途中であっても、単語の終わりなど、切りのよい箇所で多めに改行を入れたほうが読みやすくなります。

Question

09

文字の書式を
変更したい

Answer　＜ホーム＞タブの＜フォント＞グループのボタンで変更できます。

1 数字の文字サイズを拡大します。対象となる文字をドラッグして選択します。

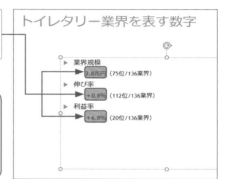

 メモ 複数個所を選択する

[Ctrl] を押しながらドラッグすると、離れた個所の文字を選択できます。

2 ＜ホーム＞タブの＜フォントサイズ＞のここをクリックします。

3 サイズ（ここでは「44」）をクリックすると、

4 文字サイズが変更されます。

メモ ＜フォント＞グループのボタンを使う

＜フォント＞グループには、ほかにもフォント、太字、斜体、下線、文字の色などのボタンがあり、これらを使って文字書式を変更できます。

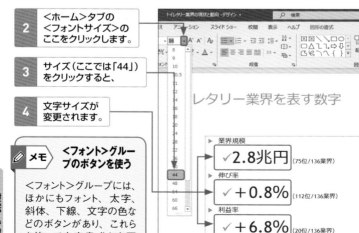

Question

10

スライドを追加したい

 nswer ＜ホーム＞タブの＜新しいスライド＞から、スライドのレイアウトを選択して追加できます。

1	＜ホーム＞タブをクリックし、

2	＜新しいスライド＞のここをクリックすると、レイアウト（P.20参照）の一覧が表示されます。

| 3 | ＜タイトルとコンテンツ＞をクリックします。 |

4	選択したレイアウト（ここでは「タイトルとコンテンツ」）のスライドが追加されます。

✍ メモ　スライドが追加される位置

スライドはサムネイルペインで選択されているスライドの次に追加されます。なお、スライドの順序は後から変更できます（P.26参照）。

📖 参考　同じレイアウトのスライドを追加する

＜新しいスライド＞の上部をクリックすると、現在スライドペインに表示されているスライドと同じレイアウトのスライドが自動で追加されます。ただし、タイトルスライドが表示されている場合は「タイトルとコンテンツ」のレイアウトになります。

11

困った度 😣😣😣😣😣

スライドの順番を入れ替えたい

Answer サムネイルペインや「スライド一覧」表示の画面でサムネイルをドラッグすれば、順番を変更できます。

サムネイルペインで入れ替える

スライド3のサムネイルをスライド2の上までドラッグすると、順番が入れ替わります。

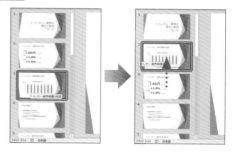

「スライド一覧」の画面で入れ替える

スライドの枚数が多いプレゼンテーションでは、「スライド一覧」画面に切り替えてドラッグします（P.17参照）。広いスペースでサムネイルをドラッグできるので、順番変更の操作がしやすくなります。

💡 **参考** ドラッグでスライドをコピーする

[Ctrl] を押した状態でサムネイルをドラッグすると、ドラッグ先にそのスライドのコピーが挿入されます。よく似た内容のスライドをもう1枚作りたいときに利用すると効率が上がります。

Question

12

不要なスライドを削除したい

サムネイルペインや「スライド一覧」表示でスライドのサムネイルを選び、Delete を押します。

1 スライド2を削除します。スライド2をクリックし、Delete を押します。

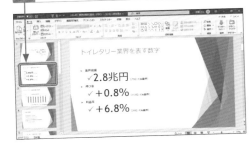

2 スライド2が削除されました。

📖 参考 **複数のスライドを削除する**

下のメモの手順で複数のスライドを選択してから Delete を押せば、まとめて削除できます。

✏️ メモ **離れた個所のスライド（例:スライド2、4、6）を選択する**

スライド2をクリック後、Ctrl を押した状態で4、6をクリックします。

✏️ メモ **一連のスライド（例：スライド3〜7）を選択する**

先頭のスライド3をクリック後、Shift を押しながら末尾のスライド7をクリックします。

Question

13

プレゼンテーションを保存したい

Answer <ファイル>タブの<名前を付けて保存>を選択し、保存先フォルダーとファイル名を指定して保存します。

困った度 😣😣😣😣😣

1 <ファイルタブ>をクリックします。

2 <名前を付けて保存>をクリックし、

3 <参照>をクリックして、

4 保存先フォルダー（ここでは「ドキュメント」）を選択し、

5 ファイル名を入力して、

6 <保存>をクリックします。

7 プレゼンテーションが保存され、ここにファイル名が表示されます。

トイレタリー業界の
現状と動向

株式会社ビー・ライフ
企画部 中村良子

📝 **メモ** クラウド上にも保存できる

手順3で「OneDrive」をクリックすると、Microsoftが提供するオンラインストレージである「OneDrive」※にファイルを保存できます。

※ https://www.microsoft.com/ja-jp/microsoft-365/onedrive/online-cloud-storage）

スライドの
デザインで

困った！☹

Question

01

スライドの背景の色を変えたい

Answer テーマにより背景の色は異なります。＜デザイン＞タブの＜背景の書式設定＞から自由に変更できます。

困った度 😵😵😵😵😵

1 背景を設定したいスライドを選択しておきます。＜デザイン＞タブの＜背景の書式設定＞をクリックして、

2 塗りつぶし（単色）＞を選択し、

3 色を選択します。

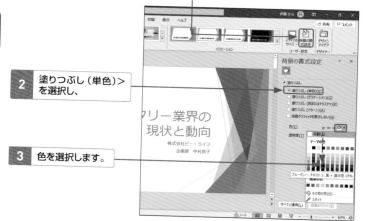

4 選択したスライドの背景色が変更されました。

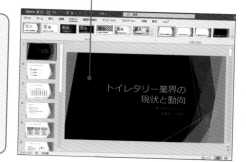

📝 **メモ ▶ 背景を元に戻す**

変更した背景色を元に戻すには、該当するスライドを選んで**1**の手順で＜背景の書式設定＞作業ウィンドウを開き、＜背景のリセット＞をクリックします。

Question

02

スライドの背景に画像を使いたい

Answer ＜背景の書式設定＞の＜塗りつぶし（図またはテクスチャ）＞から背景に画像を表示できます。

1 スライドを選択し、＜デザイン＞タブの＜背景の書式設定＞をクリックします。

2 ＜塗りつぶし（図またはテクスチャ）＞をクリックし、

3 ＜挿入する＞（PowerPoint 2013では＜ファイル＞）をクリックして、

4 ＜ファイルから＞をクリックします。

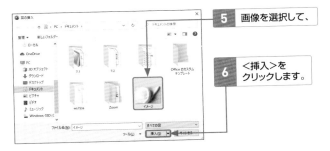

5 画像を選択して、

6 ＜挿入＞をクリックします。

7 スライドの背景に画像が設定されました。

対応バージョン　2019 2016 2013 365

困った度 ☹☹☹☹☺

Question
03
すべてのスライドの
背景を同じにしたい

Answer　背景の設定後、<すべてに適用>をクリックすると、
他のスライドにも同じ背景が適用されます。

1　P.30〜31の方法で、いずれかのスライドに背景の設定を行います。

2　<すべてに適用>を
クリックします。

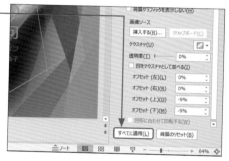

3　すべてのスライドに、同じ背景の設定が適用されました。

✎ メモ　背景の設定を元に戻す

<すべてに適用>をクリックすると、<背景のリセット>は利用できません（P.30
参照）。背景を初期設定の状態に戻すには、P.19の手順で、現在と同じテー
マをもう一度適用します。

Question

04

スライドの配色を変更したい

困った度 😣😣😑😑😑

Answer ＜デザイン＞タブの＜配色＞では、選択したテーマはそのままで色合いだけを変更できます。

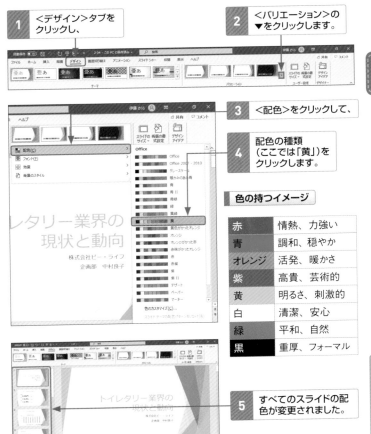

1 ＜デザイン＞タブをクリックし、

2 ＜バリエーション＞の▼をクリックします。

3 ＜配色＞をクリックして、

4 配色の種類（ここでは「黄」）をクリックします。

色の持つイメージ

赤	情熱、力強い
青	調和、穏やか
オレンジ	活発、暖かさ
紫	高貴、芸術的
黄	明るさ、刺激的
白	清潔、安心
緑	平和、自然
黒	重厚、フォーマル

5 すべてのスライドの配色が変更されました。

PART 2 スライドのデザインで困った！

2019 2016 2013 365 ▶ 対応バージョン

33

Question

05

フォントの組み合わせを変更したい

困った度 ☹☹☹☹☹

Answer 見出しと本文のフォントの組み合わせは、＜デザイン＞タブの＜フォント＞から変更できます。

1 ここでははっきりとした太めの書体に変更します。＜デザイン＞タブをクリックし、

2 ＜バリエーション＞の▼をクリックします。

3 ＜フォント＞をクリックして、

4 フォントの種類（ここでは「HG創英角ゴシックUB」）をクリックすると、すべてのスライドのフォントが変更されます。

フォントの種類

Office ●------------ 英数字用のフォント

游ゴシック Light ●------ 日本語の見出しのフォント

游ゴシック ●--------- 日本語の本文のフォント

📖 **参考** > **フォントの組み合わせを設定する**

手順**4**で＜フォントのカスタマイズ＞をクリックすると、＜新しいテーマのフォントパターンの作成＞画面で個別に種類を指定できます。「保存」をクリックすると、指定した組み合わせが保存され、現在のプレゼンテーションにも適用されます。

困った度 😣😣😣😣😣

Question

06 テーマとテンプレートの違いは？

Answer 「テーマ」はデザイン要素だけを定義し、「テンプレート」はデザインと内容の両方を定義します。

テーマとテンプレートは、どちらも効率よくスライドを作成するためのひな型ですが、次のような違いがあります。

テーマ

配色、フォント、特殊効果、背景など、スライドのデザイン要素の組み合わせを保存したひな型で(P.19参照)、プレゼンテーション作成のどの時点でも設定できます。テーマを変更すると、スライドの外観は変わりますが、入力済みの内容は変わりません。

テンプレート

デザインだけでなくスライドの文章例など内容も含めたひな形です。新しくプレゼンテーションを作成する時に選択し、内容を追加、編集して利用します。一度選択したテンプレートは後から変更できません。

1 ＜新規＞をクリックし、テンプレートを選択します。表示される画面で＜作成＞をクリックします。

35

Question

困った度 😵😵😌😌😌

07 テーマを保存したい

Answer 独自に作成したデザインをテーマとして保存すれば、他のプレゼンテーションでも利用できます。

テーマ「ファセット」を適用し（P.19参照）、配色を「黄」に変更して（P.33参照）フォントを「HG創英角ゴシックUB」に変更しました（P.34参照）。このデザインを「社内プレゼン用」という名前でテーマとして保存します。

1 ＜デザイン＞タブをクリックし、

2 ＜テーマ＞の▼をクリックします。

3 ＜現在のテーマを保存＞をクリックします。

📝 **メモ** 保存したテーマの利用

手順 **4** で＜Document Themes＞フォルダーに保存したテーマは、P.19の手順 **3** で＜ユーザー定義＞に表示されるので、別のプレゼンテーションに適用できます。

4 保存先フォルダーに＜Document Themes＞が選択されます。＜ファイル名＞に「社内プレゼン用」と入力し、

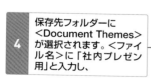

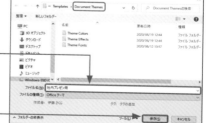

5 ＜保存＞をクリックします。

Question

08

テンプレートを保存したい

nswer プレゼンテーションをテンプレートとして保存すると、類似のプレゼンテーションを短時間で作れます。

困った度 😣😣😐😐😐

使いまわしたい共通部分だけを残したプレゼンテーションを用意し、
「業界分析用」という名前でテンプレートとして保存します。

1 ＜ファイル＞タブをクリックします。

2 ＜名前を付けて保存＞をクリックし、

3 ＜参照＞をクリックします。

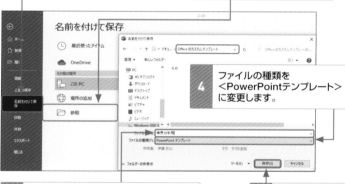

4 ファイルの種類を＜PowerPointテンプレート＞に変更します。

5 保存先フォルダーに＜Office のカスタムテンプレート＞が指定されます。＜ファイル名＞に「業界分析用」と入力して、

6 ＜保存＞をクリックします。

 注意 ＜Office のカスタムテンプレート＞フォルダー

テンプレートの保存用フォルダーです。他のフォルダーには変更できません。

 参考 保存したテンプレートを元に新しいプレゼンテーションを作成する

＜ファイル＞タブ→＜新規＞→＜ユーザー設定＞→＜Officeのカスタムテンプレート＞の順にクリックし、保存したテンプレートの一覧から「業界分析用」を選択して＜作成＞をクリックします。

Question

09

スライドに
日付や時刻を入れたい

困った度 ☺☺☺☺☺

Answer ＜ヘッダーとフッター＞を利用すれば、日付や時刻をすべてのスライドに自動表示できます。

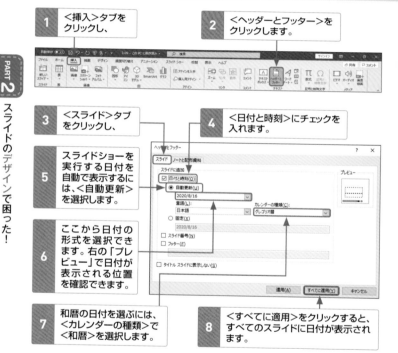

1 ＜挿入＞タブをクリックし、

2 ＜ヘッダーとフッター＞をクリックします。

3 ＜スライド＞タブをクリックし、

4 ＜日付と時刻＞にチェックを入れます。

5 スライドショーを実行する日付を自動で表示するには、＜自動更新＞を選択します。

6 ここから日付の形式を選択できます。右の「プレビュー」で日付が表示される位置を確認できます。

7 和暦の日付を選ぶには、＜カレンダーの種類＞で＜和暦＞を選択します。

8 ＜すべてに適用＞をクリックすると、すべてのスライドに日付が表示されます。

メモ　固定の日付を表示する

常に特定の日付をスライドに表示するには、手順5で＜固定＞を選択して、空欄に表示したい日付を入力します。

参考　表示位置や文字サイズを変更する

日付や時刻が表示される位置やフォントサイズは、スライドマスターで変更できます（P.49参照）。

Question

10

スライドのフッターに 会社名を入れたい

Answer <ヘッダーとフッター>の<フッター>には自由に文字を入力できます。会社名もここで指定します。

1 P.38手順 1 2 を参考に、<ヘッダーとフッター>画面を表示します。

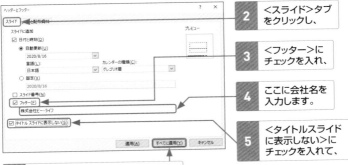

2 <スライド>タブをクリックし、

3 <フッター>にチェックを入れ、

4 ここに会社名を入力します。

5 <タイトルスライドに表示しない>にチェックを入れて、

6 <すべてに適用>をクリックします。

1枚目のスライド	2枚目のスライド
タイトルスライドには会社名が表示されません。	これ以降のスライドには、会社名がフッターに表示されます。

📝 **メモ** タイトルスライドに表示しない

ここにチェックを入れると、タイトルスライドは対象外となり、<ヘッダーとフッター>画面で指定した内容が表示されなくなります。

PART 2 スライドのデザインで困った！

2019 2016 2013 365 ▶ 対応バージョン

39

困った度 ☺☺☺☺☹

Question

11

スライド番号を表示したい

Answer　＜スライド番号＞にチェックを入れます。表紙の次のスライド2から番号を始めることもできます。

---

1 ＜ヘッダーとフッター＞画面を表示します（P.38参照）。＜スライド＞タブをクリックし、

2 ＜スライド番号＞にチェックを入れます。

3 ＜タイトルスライドに表示しない＞にチェックを入れて、

4 ＜すべてに適用＞をクリックします。

1枚目のスライド

タイトルスライドには、スライド番号は表示されません。

2枚目のスライド

これ以降のスライドに、スライド番号が表示されます。

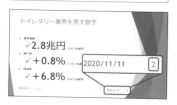

✎ メモ　2枚目のスライド番号を「1」にする

タイトルスライドにスライド番号を表示しない場合、番号が「2」から始まってしまいます。「1」から開始するには、＜スライドのサイズ＞画面を開き（P.188手順**1**～**3**参照）、＜スライド開始番号＞に「0」を指定します。

Question

12

スライドのサイズを変更したい

Answer スライドの縦横比は「16：9」が初期設定です。＜スライドのサイズ＞で比率を変更できます。

1 ＜デザイン＞タブをクリックし、

2 ＜スライドのサイズ＞をクリックして、

3 ＜標準(4:3)＞を選択します。

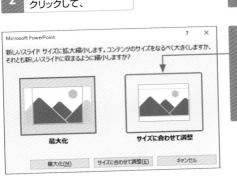

4 テキストや画像などのコンテンツがスライドからはみ出さないように調整する方法を選びます。＜サイズに合わせて調整＞をクリックします。

5 スライドの縦横比が4：3に変更されました。テキストや画像はスライド内に収まるよう縮小されています。

PART 2 スライドのデザインで困った！

2019 2016 2013 365 ▶ 対応バージョン

41

困った度 😣😣😣😣😣

Question

13

スライドマスターって何？

Answer スライドのレイアウト設定を一括で行うための司令塔のような機能です。

スライドマスターを使うメリット

箇条書きテキストのフォントサイズを変更したり、会社のロゴマークを挿入したりする場合に、複数のスライドで同じ設定を繰り返すのは効率的ではありません。そこで、スライド間で共通するレイアウトの設定は、「スライドマスター」と呼ばれる画面を開いて一括で行います。スライドマスターで設定した書式やレイアウトの変更は、自動的に複数のスライドに反映されるので、プレゼンテーション全体のレイアウト変更を短時間で行えます。また、変更の漏れがないので統一感のあるスライドを作成できます。

| 1 | ここに、会社のロゴを入れます。 |
| 2 | タイトルのフォントは「HG丸ゴシックM-PRO」にします。 |

| 3 | 本文のフォントの色は青にします。 |

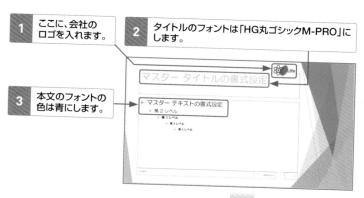

| 4 | 1〜3がすべてのスライドに設定されます。 |

対応バージョン 2019 2016 2013 365

Question

14

スライドマスター表示に切り替えたい

Answer スライドマスターは、普段は表示されていません。必要な時だけ＜表示＞タブから表示します。

1 ＜表示＞タブをクリックして、

2 ＜スライドマスター表示＞をクリックします。

3 スライドマスター画面が表示されました。

📖 **参考 別の方法**

Shift を押しながら画面右下の「標準」ボタン（P.17参照）をクリックします。

PART 2 スライドのデザインで困った！

⚠ **注意 スライドの作成はできない**

スライドマスター画面では、プレースホルダーへの文字入力、表やグラフの作成など通常のスライド編集はできません。

✏ **メモ スライドマスターを終了する**

スライドマスターでの作業が終了したら、＜スライドマスター＞タブの＜マスター表示を閉じる＞をクリックすると、通常の画面に戻ります。

2019 2016 2013 365 ▶ 対応バージョン

43

困った度 ☹☹☹☹☹

Question 15

スライドマスターと レイアウトマスターの違いは？

Answer スライドマスターには「スライドマスター」と「レイアウトマスター」があり、設定範囲が異なります。

スライドマスター

スライドマスター画面のサムネイルペインで一番上の大きなサムネイルが「スライドマスター」です。背景、フォント、ロゴの挿入など、すべてのスライドを対象にした設定を行う際に利用します。

具体的には、サムネイルペインで「スライドマスター」を選択し、スライドペインで書式の設定や画像の挿入などの操作を行うと、スライドレイアウトに関わらずすべてのスライドにその設定が適用されます。

レイアウトマスター

サムネイルペインでスライドマスターにぶら下がっている小さなサムネイルが「レイアウトマスター」です。レイアウトマスターのサムネイルは、スライドに適用するレイアウトの一覧に対応しています（P.20参照）。

レイアウトマスターは、特定のレイアウトのスライドだけを対象に設定したい書式やデザインがある場合に、補足的に利用します。スライドマスターに比べると利用頻度は低くなります。

具体的には、「レイアウトマスター」からサムネイルを選択し、スライドペインで書式やレイアウトを設定すると、同じレイアウトが適用されたスライドだけに変更が反映されます。

スライドマスター画面

スライドマスター：すべての
スライドが設定対象

レイアウトマスター：特定のレイアウト
のスライドだけが設定対象

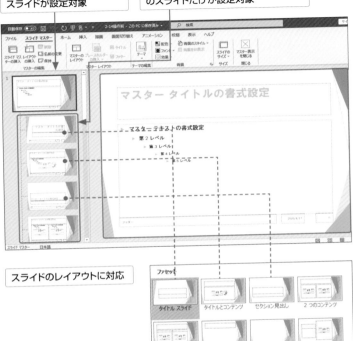

スライドのレイアウトに対応

> 📖 **参考〉レイアウトが適用されたスライドを調べる**
>
> レイアウトマスターのサムネイルにマウスポインターを合わせると、どのスライドで
> そのレイアウトを利用しているのかが表示されます。どのスライドにも適用されて
> いないレイアウトは、「どのスライドでも使用されない」と表示されます。

45

Question

16

困った度 😩😩😩😩😩

スライドに透かし文字を入れたい

Answer 「社外秘」などの透かしをすべてのスライドに表示するには、スライドマスターを利用します。

1 スライドマスター画面を表示しておきます（P.43参照）。「スライドマスター」を選択します。

2 <挿入>タブをクリックして、

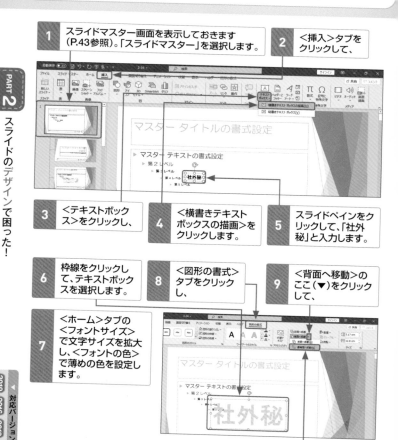

3 <テキストボックス>をクリックし、

4 <横書きテキストボックスの描画>をクリックします。

5 スライドペインをクリックして、「社外秘」と入力します。

6 枠線をクリックして、テキストボックスを選択します。

7 <ホーム>タブの<フォントサイズ>で文字サイズを拡大し、<フォントの色>で薄めの色を設定します。

8 <図形の書式>タブをクリックし、

9 <背面へ移動>のここ（▼）をクリックして、

10 <最背面へ移動>を選択します。

46

11 透かしがプレースホルダーの背後に移動します。

12 回転ハンドルをドラッグすると、テキストボックスを回転できます。

13 スライドマスターを終了します（P.43参照）。

14 タイトルスライドを除くすべてのスライドに透かしが設定されました。
（注：一部のレイアウトのスライドには透かしは設定されません。）

✎ メモ　透かしを削除する

スライドマスター画面のサムネイルペインで「スライドマスター」を選択し、P.22の「メモ」を参考に透かしのテキストボックスを選択します。Delete を押してテキストボックスを削除したらスライドマスターを終了します。

📖 参考　ワードアートで凝った透かしを作成する

スライドマスターにワードアートを挿入すると、影や反射などの特殊効果がついた文字の透かしを作成できます。

1 <挿入>タブで<ワードアートの挿入>をクリックして、種類を選びます。

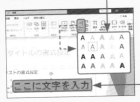

2 スライドペインをクリックすると、入力用の枠が表示されます。

47

困った度 😣😣😣😣😣

Question

17

スライドに 会社のロゴを入れたい

Answer すべてのスライドに会社のロゴを表示するには、スライドマスターでロゴ画像を挿入します。

1 スライドマスターを表示して（P.43参照）、「スライドマスター」を選択します。

2 <挿入>タブをクリックして、

3 <画像を挿入します>をクリックし、

4 <このデバイス>をクリックします。

5 画像の保存先フォルダー（ここでは「ドキュメント」）を選択し、

6 ロゴの画像を選択して、

7 <挿入>をクリックします。

8 ロゴの画像をクリックして、枠線にマウスポインターを合わせてドラッグして、表示させたい位置に移動します。

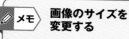

9 スライドマスターを終了すると（P.43参照）、タイトルスライドを除くすべてのスライドにロゴが表示されます。

📝 メモ 画像のサイズを変更する

ロゴの四隅に表示されたハンドル（○）にマウスポインターを合わせてドラッグすると、画像を拡大・縮小できます。

対応バージョン 2019 2016 2013 365

困った度 😞😞😞😞😞

Question 18

フッターの位置をすべてのスライドで変更したい

Answer フッターが表示される位置はスライド間で統一する必要があるため、スライドマスターで変更します。

1 ここでは、フッターの日付と会社名の位置を入れ替えます。スライドマスターを表示しておきます（P.43参照）。

2 サムネイルペインで「スライドマスター」を選択します。

3 フッターの要素を移動するには、枠線上にマウスポインターを合わせてドラッグします。

4 日付と会社名の位置を入れ替えました。

5 スライドマスターを終了します（P.43参照）。

6 フッターの位置が変更されました。

📖 **参考** **フォントやフォントサイズも変更できる**

手順**3**で枠線をクリックしてフッターの要素を選択すると、＜ホーム＞タブの＜フォント＞や＜フォントサイズ＞でフォントの種類や文字の大きさを変更できます。

対応バージョン 2019 2016 2013 365

Question

19

スライドマスターに新しい レイアウトを追加したい

Answer 使いたいレイアウトがない場合は、スライドマスター 上で独自にレイアウトを作成し、追加できます。

1 ここでは、3段組の簡条書きを入力できるレイアウトを追加します。 スライドマスターを表示しておきます（P.43参照）。

2 ＜スライドマスター＞ タブをクリックして、

3 ＜レイアウトの挿入＞ をクリックします。

4 レイアウトマスターに新しいレイアウトが追加されます。 追加されたサムネイルを選択し、

5 ＜プレースホルダー の挿入＞をクリックし て、

6 プレースホルダーの 種類から「テキスト」 を選択します。

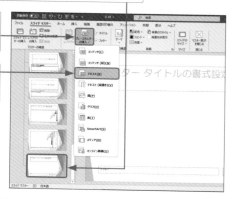

✏ メモ　プレースホルダーの種類

入力するコンテンツの内容に応じて、「テキスト」、「表」、「グラフ」などの種類を選択できます。入力内容を限定したくない場合は、テキストと図表のどちらも入力できる「コンテンツ」を選ぶと便利です。

対応バージョン 2019 2016 2013 365

50

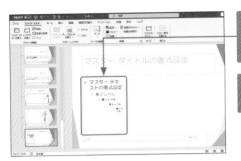

7 スライドペインの上でドラッグすると、プレースホルダーが描画されます。

8 同様にプレースホルダーをあと2つ追加します。

9 完成したスライドレイアウトに名前を付けます。サムネイルを右クリックして、

10 <レイアウト名の変更>をクリックします。

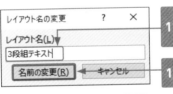

11 <レイアウト名>に名前(ここでは「3段組テキスト」)を入力して、

12 名前の変更>をクリックします。

13 スライドマスターを終了します(P.43参照)。

14 レイアウト「3段組テキスト」をもとにスライドを追加します。<ホーム>タブをクリックして、<新しいスライド>をクリックし、

15 レイアウトの一覧から「3段組テキスト」をクリックします。

Question

20

困った度 😖😖😖😖😖

不要なレイアウトを削除したい

Answer 利用されておらず不要になったレイアウトはスライドマスター画面で削除できます。

1 スライドマスターを表示しておきます（P.43参照）。削除するレイアウト（ここでは「3段組テキスト」）を右クリックして、

2 ＜レイアウトの削除＞をクリックします。

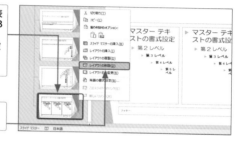

3 スライドマスターを終了します（P.43参照）。

4 レイアウトの一覧に「3段組テキスト」が表示されなくなりました。

📝 **メモ** 複数のレイアウトを削除する

使わないレイアウトをまとめて削除したい場合は、手順 1 で、Ctrl を押しながらサムネイルを順にクリックすると、複数のレイアウトを選択できます。選択したいずれかのスライドの上で右クリックし、＜レイアウトの削除＞をクリックします。

⚠️ **注意** 使用中のレイアウトは削除できない

削除したいレイアウトを利用しているスライドがある場合は、手順 5 で＜レイアウトの削除＞を選択できません。

⚠️ **注意** 必要なレイアウトを削除してしまったら

スライドマスターを終了して、通常の編集画面に戻した後、現在のテーマをもう一度選択すると、削除したレイアウトが元のように表示されます。ただし、テーマに加えた書式やレイアウトの変更も初期の状態に戻ります。

PART

3

図形の
挿入で

困った！

Question 01

困った度 😩😩😩😩😖

スライドに図形を挿入したい

Answer ＜挿入＞タブの＜図形＞から図形の種類を選び、スライド上でドラッグします。

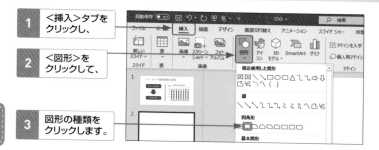

1 ＜挿入＞タブをクリックし、

2 ＜図形＞をクリックして、

3 図形の種類をクリックします。

4 スライド上でドラッグすると、図形が表示されます。

📖 参考 ▶ **クリックしても描画できる**

手順4でクリックすると、既定の大きさの図形が表示されます。ドラッグでは縦横の比率が変わってしまうため、星形や人の顔といった縦横比を変えたくない図形を描くときに便利です。

困った度 ☺☺☺☺☺

Question
02

図形の大きさや位置を変更したい

nswer 図形のサイズを変更するにはハンドル部分をドラッグし、図形を移動するには枠線上をドラッグします。

図形のサイズ変更

図形をクリックして選択し、四隅のサイズ変更ハンドルのいずれかにマウスポインターを合わせてドラッグすると、高さと幅を一度に変更できます。

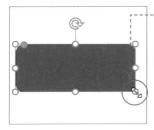

大きさの変更するには、ここをドラッグします。

> **参考 ▶ 幅・高さの片方だけを変更する**
>
> 枠線の辺の中央に表示されたハンドルをドラッグすると、図形の幅と高さのどちらか片方だけを変更できます。

図形の移動

図形の枠線にマウスポインターを合わせて、ポインターが ✛ の状態でドラッグすると、図形を移動できます。

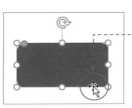

移動するには、枠線をポイントしてドラッグします。

> **メモ ▶ 図形の一部を変形する**
>
> 選択したとき形状変更のハンドル（黄色い〇の部分）が表示される図形では、そこにマウスポインターを合わせてドラッグすると、図形の形を変えられます。

ここをポイントしてドラッグすると、図形の形が変わります。

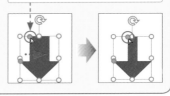

PART **3** 図形の挿入で困った！

2019 2016 2013 365 ▶ 対応バージョン

55

Question

03

図形に文字を
入力したい

Answer 図形を選択して、そのままキーボードから文字を入力します。

1 図形をクリックして選択します。

2 キーボードから文字を入力すると、図形内に表示されます。

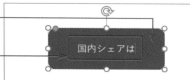

国内シェアは

3 入力が済んだら、図形の外をクリックします。

国内シェアは飽和状態

✎ **メモ** 入力内容を編集する

文字を入力した図形の中をクリックすると、再びカーソルが表示され、入力内容を変更できます。

📖 **参考** 文字に書式を設定する

プレースホルダーと同じように、図形に入力した文字にも書式を設定できます。対象となる文字をドラッグして選択してから、P.24のように操作します。

国内シェアは飽和状態

1 文字をドラッグして選択し、書式を設定します。

2019 2016 2013 365 ◀ 対応バージョン

Question

04

水平/垂直な線を きれいに引きたい

Answer Shift を押しながらドラッグすると、水平方向や垂直方向にまっすぐな線を引けます。

1	二つの図形の間に矢印を引きます。＜挿入＞タブの＜図形＞をクリックして、
2	＜線矢印＞をクリックします。

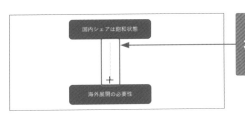

3	Shift を押した状態で上の図形から下の図形へドラッグすると、まっすぐに矢印が表示されます。

📖 参考 ▶ 図形同士を線でつなぐ

手順**1**で＜線＞、＜線矢印＞、＜コネクタ＞などを選ぶと、描画した図形にマウスを近づけたとき●印が表示されます。●印から別の図形の●印へドラッグすると、図形同士をつなぐ線が表示されます。この線は、図形を移動しても外れません。

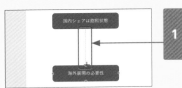

1	連結できる個所に●が表示されます。●から別の図形の●へドラッグすると、図形同士が移動しても外れない線で連結されます。

PART 3 図形の挿入で困った！

▶ 対応バージョン 2019 2016 2013 365

Question

05

縦横の比率を保ったまま 図形の大きさを変更したい

困った度 😖😖😖😖😖

Answer 　Shift を押したまま四隅のハンドルをドラッグすると、縦横比を変えずに図形を拡大・縮小できます。

1 図形をクリックして選択します。

2 Shift を押した状態で、四隅のハンドルをドラッグします。

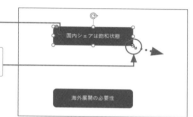

3 縦横の比率を変えずに図形を拡大・縮小できます。

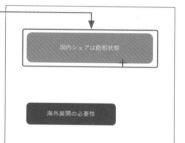

！注意　マウスのボタンを先に離す

Shift を離すタイミングが早いと縦横比が変わってしまいます。ドラッグ終了後は、先にマウスのボタンから指を離し、それから Shift を離しましょう。

📖参考　正方形や真円を描く

P.54の手順 4 で Shift を押しながらドラッグすると、縦横の比率を1：1にして図形を描けます。これを利用すれば正方形や真円を描くことができます。

1 ＜挿入＞タブをクリックし、＜図形＞をクリックして、＜正方形／長方形＞をクリックします。 Shift を押しながらドラッグすると、正方形が表示されます。

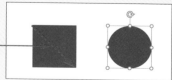

Question

06

図形を少しずつ回転させたい

Answer 図形の上の回転ハンドルにマウスポインターを合わせてゆっくりドラッグします。

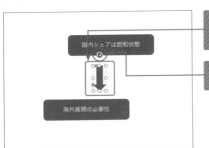

1 矢印の図形を右方向に回転します。矢印の図形をクリックして選択します。

2 回転ハンドルにマウスをポイントします。

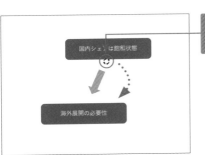

3 ゆっくり右へ傾けるようにドラッグすると、図形が右に回転します。

⚠️ **注意 ▶ 勢いよくドラッグしない**

回転ハンドルをドラッグするときは、慎重にマウスを動かすのがコツです。勢いよくドラッグすると、図形も一気に動いてしまいます。失敗したら、クイックアクセスツールバーの「元に戻す」をクリックして元に戻せます。

📖 **参考 ▶ 90度回転する**

左右に90度回転したい場合は、図形を選択し、＜図形の書式＞タブをクリックし、＜オブジェクトの回転＞→＜右へ90度回転＞、＜左へ90度回転＞の順にクリックします。

2019 2016 2013 365 対応バージョン

Question

07

困った度 😣😣😣😣😣

図形の色を変更したい

Answer <図形の塗りつぶし>から変更できます。一覧にない色を選択したり、透明にすることも可能です。

1 図形を選択します。

2 <ホーム>タブ（<図形の書式>タブ）をクリックし、

3 <図形の塗りつぶし>をクリックします。

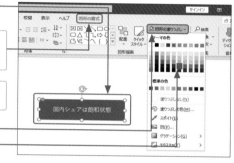

4 色を選択します。

5 図形の色が変更されました。

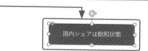

📖 **参考** <テーマの色>と<標準の色>の違い

<テーマの色>はテーマの配色に合わせた色が表示されるので、スライドの統一感を崩さずに色を変更できます。また、テーマを変更すると（P.19参照）選んだ色も変わります。一方、<標準の色>はテーマに関係なく固定の色が表示されます。

✏️ **メモ** 塗りつぶしなし

<塗りつぶしなし>を選ぶと、図形が透明になり、背後の図形が見えるようになります。

✏️ **メモ** 塗りつぶしの色

一覧にない色を選んだり、RGB値を元に色を指定するには<塗りつぶしの色>を選びます。<標準>タブの<透過性>では、背後が薄く透ける透過の加工もできます。

Question

08

枠線の色や太さを
変更したい

Answer <図形の枠線>から色、太さ、線の種類などを変更
できます。枠線をなしにすることもできます。

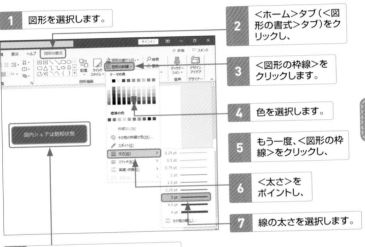

1 図形を選択します。

2 <ホーム>タブ（<図形の書式>タブ）をクリックし、

3 <図形の枠線>をクリックします。

4 色を選択します。

5 もう一度、<図形の枠線>をクリックし、

6 <太さ>をポイントし、

7 線の太さを選択します。

国内シェアは飽和状態

0.25 pt
0.5 pt
0.75 pt
1 pt
1.5 pt
2.25 pt
3 pt
4.5 pt
6 pt

8 枠線の色と太さが変更されました。

 参考 **図形クイックスタイル**

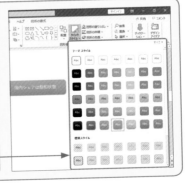

<ホーム>タブ（<図形の書式>タブ）で<図形クイックスタイル>を選択すると、洗練されたデザインをすばやく設定できます。枠線、塗りつぶし（P.60）、特殊効果（P.62）などを個別に設定する手間がかかりません。

デザインを選択するだけで枠線や塗りつぶしを一括で設定できます。

PART 3 図形の挿入で困った！

2019 2016 2013 365 ▶ 対応バージョン

Question

09

困った度 ☹☹☹☹☹

図形に特殊効果を付けたい

Answer <影>や<反射>などの効果を設定できます。違う種類の効果を重ねて設定することも可能です。

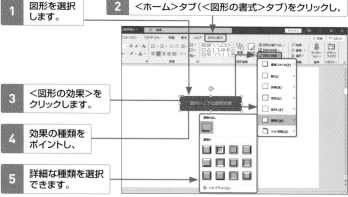

1	図形を選択します。
2	<ホーム>タブ（<図形の書式>タブ）をクリックし、
3	<図形の効果>をクリックします。
4	効果の種類をポイントし、
5	詳細な種類を選択できます。

6 それぞれの効果を設定した例です。

影	国内シェアは飽和状態
反射	国内シェアは飽和状態
光彩	国内シェアは飽和状態
ぼかし	国内シェアは飽和状態
面取り	国内シェアは飽和状態
3-D回転	国内シェアは飽和状態

📖 **参考** **標準スタイル**

複数の効果を組み合わせたスタイルです。手順4で<標準スタイル>から種類を選択するだけで、見栄えのする効果を設定できます。

✏️ **メモ** **効果を解除する**

<図形の効果>をクリックし、解除したい効果の種類をポイントして、一番上に表示される<○○なし>を選択します。

対応バージョン 2019 2016 2013 365

Question

10

困った度 😖😖😖😣😣

図形を等間隔に並べたい

Answer <上下に整列>や<左右に整列>を使えば、複数の図形の間隔をそろえて均等に配置できます。

	1 上下に並んだ図形を等間隔に配置します。整列させたいすべての図形を囲むようにドラッグします。

2 図形がまとめて選択されます。

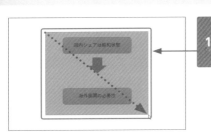

3 <図形の書式>タブをクリックし、

4 <オブジェクトの配置>をクリックして、

5 <上下に整列>をクリックします。

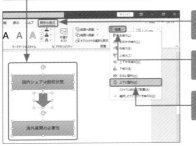

6 図形が等間隔に配置されました。

✐ メモ 左右に整列

左右に並んだ図形を等間隔に配置するには、手順 **5** で<左右に整列>をクリックします。

PART 3

図形の挿入で困った！

▶ 対応バージョン 2019 2016 2013 365

63

Question

11

図形の重なりの順番を変更したい

困った度 😣😣😣😣😣

Answer 図形は描いた順に上に重ねて表示されます。重なり順序は＜前面へ移動＞＜背面へ移動＞で変更します。

1 メモの図形の背後に隠れている2つの四角形を表示します。

2 メモの図形を選択し、

3 ＜図形の書式＞タブをクリックして、

4 ＜背面へ移動＞の▼をクリックし、＜最背面へ移動＞をクリックします。

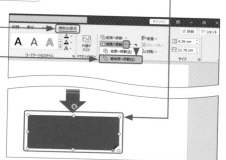

5 メモの図形が、2つの四角形の背後に移動しました。

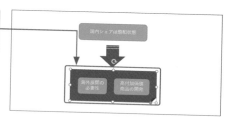

国内シェアは飽和状態

海外展開の必要性　　高付加価値商品の開発

📖 **参考** ＜背面へ移動＞と＜最背面へ移動＞の使い分け

＜背面へ移動＞では、スライド内の図形の重なり順序が1段背後へ移動するだけなので、見た目は変わらない場合があります。一方＜最背面へ移動＞を選択すれば、図形は確実に背後に移動します。

✏️ **メモ** 前面へ移動

手順**4**で＜前面へ移動＞を選択すると、図形の重なり順序が一つ手前に移動します。＜最前面へ移動＞との違いは、左の「参考」と同様です。

Question

12

困った度 😣😣😌😌😌

複数の図形をひとつの図にまとめたい

Answer <グループ化>を行うと、複数の図形を組み合わせて作図した際、移動やサイズ変更が楽にできます。

---

1 グループ化したい図形をまとめて選択します（P.63の参考参照）。

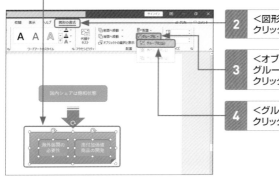

2 <図形の書式>タブをクリックし、

3 <オブジェクトのグループ化>をクリックして、

4 <グループ化>をクリックします。

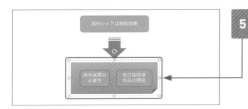

5 選択した図形がグループ化されました。

📖 **参考** **グループ化のメリット**

グループ化した図は1つの図形と同じように扱えるので、ハンドル部分にマウスポインターを合わせてドラッグすれば、図版全体のサイズを変更できます。また、枠線にマウスポインターを合わせてドラッグすればすべての図形を確実に移動できます。

✏️ **メモ** **グループ化の解除**

グループ化した図を、個別の図形の状態に戻すには、図を選択し、手順 **4** で<グループ解除>を選択します。

対応バージョン 2019 2016 2013 365

65

Question

13

困った度 😣😣😣😣😣

図形を結合したい

Answer <図形の結合>で複数の図形を組み合わせると、一覧にはない図形を作り出すことができます。

PART 3

図形の挿入で困った！

1 あらかじめ描いておいた複数の図形を選択し（P.63参照）、

2 <図形の書式>タブをクリックして、

3 <図形の結合>をクリックし、

4 <接合>をクリックします。

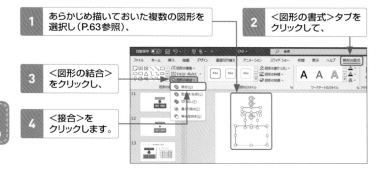

5 選んでおいた図形が結合され、一つの図形になりました。

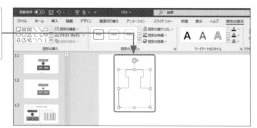

6 結合した図形には、文字を入力したり（P.56参照）、塗りつぶし（P.60参照）、枠線（P.61参照）、特殊効果（P.62参照）などを設定できます。

薬品A

困った度 😣😣😣😣😣

Question 14

SmartArtって何？

Answer

フローチャートや組織図など、ビジネスで利用頻度
の高い図版を効率よく作成するための機能です。

SmartArtを使うメリット

発表内容を直感的に伝えるには、文章よりも図版が便利ですが、図形を組み合わ
せて複雑な図を作るには時間も手間もかかります。

SmartArtを使うと、豊富なサンプルから種類を選び、文字を入力するだけで、訴
求力のある図版が完成します（P.68参照）。色やデザインも洗練されたものがあら
かじめ用意されているので、見栄えのする図に仕上がります。

このような図版を、スピーディに作ることができます。

SmartArtの種類

SmartArtの図版は、表のように分類されています（P.68手順 2 参照）。用途に合っ
たものを選ぶことがポイントです。

分類	適した内容	分類	適した内容
リスト	箇条書き	集合関係	さまざまな関係、集合
手順	時系列、順番	マトリックス	全体に対する各部の関係
循環	循環、つながり	ピラミッド	ピラミッド型の関係
階層構造	組織図、意思決定ツリー	図	画像入りの図版

PART 3 図形の挿入で困った！

2019 2016 2013 365 対応バージョン

困った度 ☹☹☹☹☹

Question

15

SmartArtを挿入したい

Answer プレースホルダーまたは＜挿入＞タブの＜SmartArtグラフィックの挿入＞から挿入します。

1 ＜SmartArtグラフィックの挿入＞をクリックします。

📝 メモ そのほかの方法

＜挿入＞タブの＜SmartArtグラフィックの挿入＞をクリックすると、プレースホルダーがないスライドにもSmartArtを挿入できます。

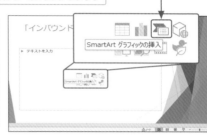

2 SmartArtの分類（ここでは「手順」）をクリックし、

3 種類（ここでは「段違いステップ」）をクリックして、

4 ＜OK＞をクリックします。

5 「段違いステップ」のSmartArtが挿入されました。

6 同時にテキストウィンドウが開きます。

7 ここをクリックします。

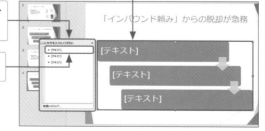

「インバウンド頼み」からの脱却が急務

[テキスト]

[テキスト]

[テキスト]

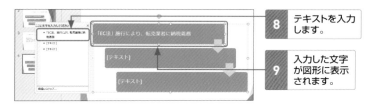

8 テキストを入力します。

9 入力した文字が図形に表示されます。

10 同様に残りの図形に文字を入力します。

✎ **メモ** 図形が足りない場合

P.70の手順で図形を追加できます。

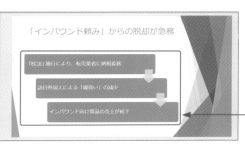

✎ **メモ** 余った図形を削除する

図形を選択して Delete を押します。

11 SmartArtの枠の外をクリックすると完成です。

箇条書きをSmartArtに変換する

1 箇条書きのプレースホルダーを選択した状態で<ホーム>タブをクリックして、

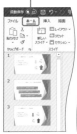

2 <SmartArtに変換>をクリックし、

3 種類を選択すると、選択したSmartArtに変換されます。

困った度 ⊗⊗⊗⊗⊗

Question

16

SmartArtの項目を増やしたい

Answer ＜図形の追加＞で項目を追加できます。テキストウィンドウで Enter を押す方法もあります。

1 2つ目の図形と3つ目の図形の間に項目を追加します。
2つ目の図形をクリックします。

2 ＜SmartArtの
デザイン＞タブ
をクリックし、

3 ＜図形の追加＞
の▼をクリック
して、

4 ＜後に図形を
追加＞をクリッ
クします。

「インバウンド頼み」からの脱却が急務

 メモ 前に図形を追加

選択した図形の前
に項目を追加する
ときに利用します。

5 図形が追加
されました。

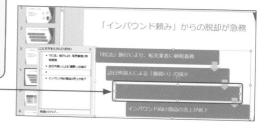

「インバウンド頼み」からの脱却が急務

メモ その他の方法

テキストウィンドウの
2つ目の箇条書きの
末尾で Enter を押
すと、同様に図形
が追加されます。

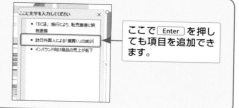

ここで Enter を押し
ても項目を追加でき
ます。

Question

17

SmartArtの種類を変更したい

Answer <レイアウトの変更>を利用すると、入力内容を残したまま、別の種類に変更できます。

1 SmartArtの中をクリックします。

2 <SmartArtのデザイン>タブをクリックし、

3 <レイアウトの変更>のここ（▼）をクリックします。

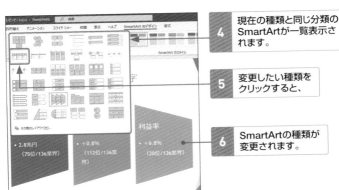

4 現在の種類と同じ分類のSmartArtが一覧表示されます。

5 変更したい種類をクリックすると、

6 SmartArtの種類が変更されます。

⚠️ 注意　項目の数を合わせる

表示できる項目の数はSmartArtの種類により異なります。項目の数が合わないと、一部の項目が表示されなくなります。

📖 参考　一覧にない種類を選ぶ

手順**5**で<その他のレイアウト>をクリックすると、<SmartArtグラフィックの選択>画面（P.68参照）が開き、すべての種類の中から選択できます。

困った度 ☺☺☺☺

Question

18

SmartArtを図形に変換したい

Answer SmartArtを図形に変換すると、図形の機能を使ってSmartArtを編集できるようになります。

1 SmartArtの中をクリックします。

2 <SmartArtのデザイン>タブをクリックし、

3 <SmartArtを図形またはテキストに変換>をクリックし、

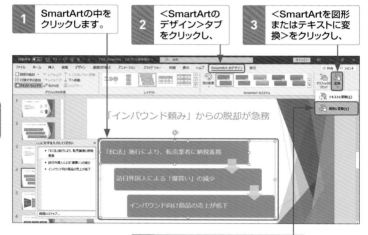

4 <図形に変換>をクリックします。

5 SmartArtが図形に変換されました。

メモ グループ化されている

変換直後の図はグループ化されています（P.65参照）。詳細な編集作業を行うには、続けてグループ化を解除するとよいでしょう。

写真・動画・音楽の挿入で

困った！

Question

01

困った度 😫😫😫😫😫

写真などの画像を
スライドに挿入したい

Answer プレースホルダーまたは＜挿入＞タブの＜図＞から
手持ちの画像を挿入できます。

1 プレースホルダーの＜図＞をクリックします。

📝 **メモ 別の方法**

＜挿入＞タブをクリックして、＜画像を挿入します＞から＜図＞をクリックすると、プレースホルダーがないスライドにも画像を挿入できます。

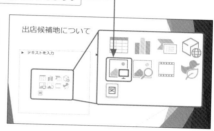

2 画像の保存先フォルダー（ここでは＜ドキュメント＞）をクリックし、

3 画像ファイルを選択して、

4 ＜挿入＞をクリックします。

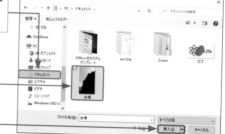

5 プレースホルダーに画像が挿入されました。

PART 4 写真・動画・音楽の挿入で困った！ ◀ 対応バージョン 2019 2016 2013 365

74

Question

02

Officeが提供する画像をスライドに挿入したい

Answer

<オンライン画像>を利用すると、画像をインターネット上で検索し、挿入できます。

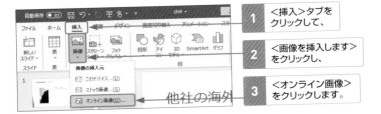

1 <挿入>タブをクリックして、

2 <画像を挿入します>をクリックし、

3 <オンライン画像>をクリックします。

4 ここにキーワードを入力すると、画像がインターネット上で検索されます。

5 「Creative Commonsのみ」にチェックを入れます。

6 画像をクリックして選択し、

7 <挿入>をクリックします。

8 画像が挿入されました。

⚠ **注意　オンライン画像の著作権**

<オンライン画像>から挿入した画像は「クリエイティブコモンズ」というライセンスの元で利用範囲を定めて公開されているものです。利用条件を確認し、その範囲内で利用しましょう。

PART 4　写真・動画・音楽の挿入で困った！

▶ 対応バージョン　2019 2016 2013 365

75

Question

困った度 😵😵😵😵😵

03

アイコンって何?

Answer シンプルなイラスト素材を挿入する機能です。スライドの内容をイメージしやすくなります。

アイコンを使うメリット

「アイコン」には、建物、人物、矢印など、仕事や暮らしに関わるイラスト素材が数多く用意されています。テキストやグラフなどに添えると、プレゼンテーションの参加者が即座に内容を思い浮かべることができるので、スピーディーに話を進めることができます。

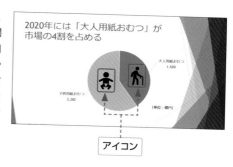

2020年には「大人用紙おむつ」が市場の4割を占める

アイコン

1 高齢者のアイコンを挿入します。<挿入>タブをクリックして、

2 <アイコン>をクリックします。

3 ここにキーワードを入力すると、アイコンを検索できます。

4 利用したいアイコンをクリックしてチェックを入れ、

5 <挿入>をクリックすると、スライドに挿入されます。

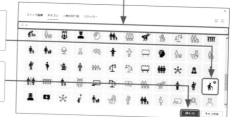

Question

04 画像の大きさや位置を変更したい

Answer 大きさを変更するにはハンドル部分をドラッグし、移動するには画像の中をポイントしてドラッグします。

画像のサイズ変更

画像をクリックして選択し、四隅のサイズ変更ハンドルにマウスポインターを合わせてドラッグすると、縦横の比率を保ったまま画像の大きさを変更できます。

画像の大きさを変更するには、ここをドラッグします。

画像の移動

画像の中にマウスポインターを合わせて、ポインターが🖑の状態でドラッグすると、画像を移動できます。

移動するには、画像の中をポイントしてドラッグします。

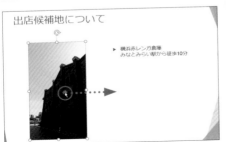

> **!注意 縦横の比率を変更しない**
>
> それぞれの枠線の中央にあるハンドルをドラッグすると、画像の縦横の比率が変わってしまいます。サイズ変更には四隅のハンドルを利用しましょう。
>
> ここをドラッグすると、縦横比が変わってしまいます。

77

Question

05

画像を 左右反転させたい

Answer

<オブジェクトの回転>を利用すると、画像を左右に反転したり、上下に反転したりできます。

困った度 😣😣😣😣😣

1 画像を選択し、

2 <図の形式>タブをクリックし、

3 <オブジェクトの回転>をクリックします。

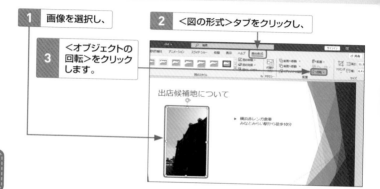

4 <左右反転>をクリックすると、

5 画像が左右に反転します。

> **✎ メモ 上下反転**
>
> 画像の上下を反転するには、手順**4**で<上下反転>をクリックします。

> **📖 参考 画像を回転する**
>
> 画像を選択し、上に表示される回転ハンドルにマウスポインターを合わせてドラッグすると、画像を自由な角度で回転できます（P.59参照）。

06

画像の不要な部分を カットしたい

Answer <トリミング>を利用すると、画像の上下や左右の 不要な部分を切り取って削除できます。

1 画像を選択し、

2 <図の形式>タブをクリックして、

3 <トリミング>の ここをクリックし、

4 <トリミング>を クリックします。

参考 図形の形に切り抜く

手順**4**で<図形に合わせてトリミング>を選択すると、ハート型や星型にトリミングできます。

5 画像の周囲にトリミングの ハンドルが表示されます。

6 削除したい部分のハンドル をポイントして、内側にド ラッグします。

7 画像の外をクリックすると、トリミングした部分が削除されます。

参考 トリミングした部分を復元する

もう一度手順**1**～**4**を操作 し、削除した部分のハンドル をドラッグして元の位置に戻し ます。

PART 4 写真・動画・音楽の挿入で困った！ 2019 2016 2013 365 ▶対応バージョン

79

Question

07

画像の背景を削除したい

困った度 😣😣😣😣😣

Answer ＜背景の削除＞を利用すると、対象の輪郭にそって背景を切り取ることができます。

1 ここでは建物の輪郭にそって背景を削除します。画像を選択して、

2 図の形式＞タブをクリックし、

3 ＜背景の削除＞をクリックします。

出店候補地について

4 画像に含まれる輪郭線が認識され、背景の色が変わります。赤色の部分が削除される部分です。

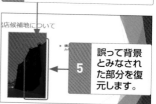

5 誤って背景とみなされた部分を復元します。

6 ＜保持する領域としてマーク＞をクリックし、

7 復元したい建物の輪郭を補うようにクリックを繰り返します。

8 建物の輪郭が修正されたら、

9 ＜変更を保持＞をクリック。

出店候補地について

メモ 削除する領域としてマーク

背景を広げるには、手順**6**で＜削除する領域としてマーク＞を選び、同様にクリックします。

10 背景が削除されました。

Question

08

画像を明るくしたり 色合いを変更したりしたい

Answer <修整>で明るさやコントラストを調整でき、<色> では色合いを変更できます。

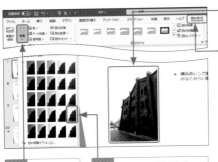

1 画像を選択して、

2 <図の形式>タブを クリックし、

3 <修整> をクリック して、

4 今よりも明るさやコ ントラストが強いも のをクリックすると、

5 画像が明るくなり、 コントラストがはっ きりしました。

6 <色>をクリックすると、

7 ここからグレース ケールやセピア調な どに変更できます。

2019 2016 2013 365 対応バージョン

📖 **参考 図のリセット**

<図のリセット>をクリックすると、画像に加えた変更をすべて初期状態に戻せ ます。<図のリセット>の▼から<図とサイズのリセット>をクリックすると、画 像の大きさも挿入時の状態に戻ります。

Question

09

困った度 ☹☹☹☹☹

画像にアート効果を加えたい

Answer ＜アート効果＞を利用すると、画像に特殊効果を付けて、遊び心のある画像に変えることができます。

1 画像を選択して、

2 ＜図の形式＞タブをクリックし、

3 ＜アート効果＞をクリックします。

出店候補地について

▶ 横浜赤レンガ倉

4 効果をクリックすると、その効果が適用されます。

出店候補地について

▶ 横浜赤
みなと

📝 メモ 効果の内容を見ながら選べる

手順 **4** のサムネイルにマウスポインターを合わせると、その効果を一時的に確認できます。

📖 参考 図の圧縮

＜図の圧縮＞をクリックすると、解像度を変更して画像のデータ量を小さくしたり、トリミング（P.79参照）した部分のデータを削除したりして、ファイルサイズを縮小できます。

ここにチェックを入れると、トリミングした部分の画像が削除されます。

ここから解像度を選択できます。

PART 4 写真・動画・音楽の挿入で困った！ ◀ 対応バージョン 2019 2016 2013 365

82

Question
10

画像に額縁を付けたい

Answer <図のスタイル>を利用すると、画像の周囲に額縁のような効果を付けることができます。

1 画像を選択して、

2 <図の形式>タブをクリックし、

3 <図のスタイル>の▼をクリックします。

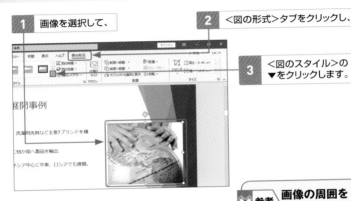

展開事例

洗濯用洗剤など主要7ブランドを構

55か国へ製品を輸出

シア中心に中東、ロシアでも展開。

4 スタイルの一覧が表示されます。スタイルをクリックすると、そのスタイルが適用されます。

メモ 適用後の様子を見ながら選べる

手順**4**の一覧の上にマウスポインターを合わせると、画像上にそのスタイルが一時的に表示され、効果を確認できます。

参考 画像の周囲をぼかす

<図の効果>をクリックし、<ぼかし>をポイントして種類を選ぶと、画像の周囲をぼかすことができます。

ここでぼかしの種類を選択できます。

83

Question

11

スライドに動画を挿入したい

Answer プレースホルダーまたは＜挿入＞タブの＜ビデオの挿入＞から挿入できます。

---

1 プレースホルダーの＜ビデオの挿入＞（PowerPoint 2013はその後＜ファイルから＞）をクリックします。

📝 メモ 別の方法

＜挿入＞タブをクリックして、＜ビデオの挿入＞をクリックすると、プレースホルダーがないスライドにも動画を挿入できます。

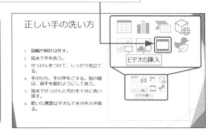

2 動画の保存先フォルダー（ここでは＜ドキュメント＞）をクリックし、

3 動画ファイルを選択して、

4 ＜挿入＞をクリックします。

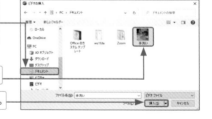

5 プレースホルダーに動画が挿入されました。

📝 メモ 動画の移動とサイズ変更

動画を移動するには、動画の中をポイントしてドラッグし、動画の大きさを変更するには、四隅の白い〇をドラッグします。

PART 4　写真・動画・音楽の挿入で困った！　対応バージョン 2019 2016 2013 365

84

Question

12

再生部分を一部だけ切り抜いて利用したい

Answer <ビデオのトリミング>を利用すると、動画の先頭や末尾の不要な部分を除いて再生できます。

1 動画を選択し、

2 <再生>タブをクリックして、

3 <ビデオのトリミング>をクリックします。

4 再生の開始位置をトリミングするには、ここをドラッグします。

5 再生の終了位置をトリミングするには、ここをドラッグします。

6 指定がすんだらここをクリックします。

7 トリミングが設定されました。画面が開始時間の状態に変わります。

✎ **メモ** **<開始時間>と<終了時間>**

手順 **4**、**5** でトリミングした時間は<開始時間>、<終了時間>で確認できます。

PART **4** 写真・動画・音楽の挿入で困った！

▶ 対応バージョン 2019 2016 2013 365

85

Question

13

動画の明るさや 色合いを調整したい

Answer <修整>で明るさやコントラストを調整でき、<色>
では色合いを変更できます。

1 動画を選択して、

2 <ビデオ形式>タブをクリックし、

3 <修整>を
クリックします。

📝 **メモ ビデオの
スタイル**

<ビデオのスタイル>を
設定すると、動画の画
面に額縁のような輪郭を
付けたり、周囲をぼかし
たりすることができます。

4 今よりも明るさや
コントラストを強い
ものをクリックする
と、

5 動画が明るくなり、
コントラストがはっ
きりします。

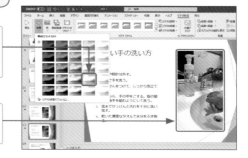

6 <色>を
クリックすると、

7 ここからグレース
ケールやセピア調
の動画に変更でき
ます。

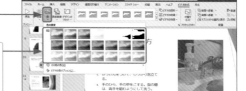

Question

14

スライド切り替え時に同時に動画をスタートさせたい

Answer スライドが表示されると同時に動画を再生するには、
<開始>のタイミングを<自動>に変更します。

1 動画を選択して、

2 <再生>タブをクリックし、

3 <開始>の▼をクリックして、

4 <自動>をクリックすると、

5 スライドが表示されると同時に動画が再生されるようになります。

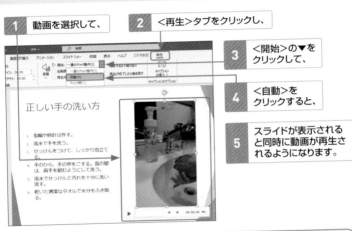

正しい手の洗い方

1. 指輪や時計は外す。
2. 流水で手を洗う。
3. せっけんをつけて、しっかり泡立てる。
4. 手のひら、手の甲をこする。指の間は、両手を組むようにして洗う。
5. 流水でせっけんと汚れを十分に洗い流す。
6. 乾いた清潔なタオルで水分をふき取る。

📖 **参考 ビデオコントロールの使い方**

動画を選択するとビデオコントロールが表示され、動画を操作できます。

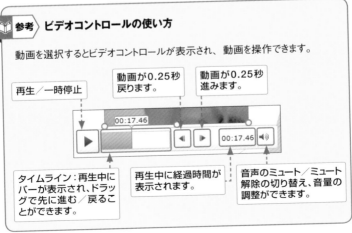

再生／一時停止

動画が0.25秒戻ります。

動画が0.25秒進みます。

00:17.46

00:17.46

タイムライン：再生中にバーが表示され、ドラッグで先に進む／戻ることができます。

再生中に経過時間が表示されます。

音声のミュート／ミュート解除の切り替え、音量の調整ができます。

PART 4 写真・動画・音楽の挿入で困った！

▶ 対応バージョン 2019 2016 2013 365

87

Question

15

動画の重要な箇所に ジャンプしたい

困った度 ☹☹☹☹☹

Answer ビデオ内にブックマークを設定すると、スライドショー実行中にその箇所をすばやく表示できます。

ブックマークを設定する

1 動画を選択し、

2 ここをクリックして、動画を再生します。

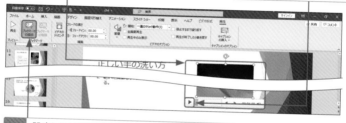

3 設定したい箇所が表示されたら、<再生>タブの <ブックマークの追加>をクリックします。

4 設定したブックマークが タイムラインに表示され ます。

ブックマークにジャンプする

1 スライドショーを実行します。

2 タイムラインのブックマークをクリックすると、動画がジャンプします。

> **メモ** ブックマークの削除
>
> 不要になったブックマークは、タイムラインに表示されたブックマークを選択し、<再生>タブの<ブックマークの削除>をクリックすれば削除できます。

Question

16

動画を全画面で再生したい

Answer <全画面再生>を指定すれば、動画の再生時に、スライド全体に大きく表示されるようになります。

---

1 動画を選択して、

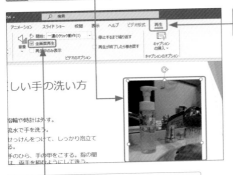

2 <再生>タブをクリックし、

3 <全画面再生>にチェックを入れます。

4 スライドショーを実行します（P.160参照）。動画を再生すると、全画面で表示されます。

📖 **参考** **再生画面をトリミングする**

動画を選択して、<ビデオ形式>タブの<トリミング>をクリックすると、動画の再生画面をトリミングできます（P.79参照）。不要な部分を除外して残った部分を拡大表示したいときに便利です。

Question

17

動画に表紙を付けたい

Answer <表紙画像>を指定すると、動画が再生されるまでの間、特定の画像を表紙として表示できます。

1 動画を選択して、

2 <ビデオ形式>タブをクリックし、

3 <表紙画像>をクリックし、

4 <ファイルから画像を挿入>をクリックします。

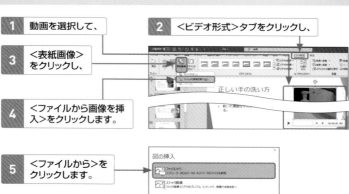

正しい手の洗い方

5 <ファイルから>をクリックします。

図の挿入

- ファイルから
  コンピューター・ネットワーク・ローカル ネットワーク のファイルを参照
- ストック画像
  ストック画像ライブラリからプレミアム コンテンツで、画像力を解き放つ
- オンライン画像
  Bing、Flickr、OneDrive などのオンライン ソースから画像を検索
- アイコンから
  アイコンのコレクションを検索

6 画像ファイルの保存先フォルダー（ここでは「ドキュメント」）を選択し、

7 画像ファイルを選択して、

8 <挿入>をクリックすると、

9 画像が表紙として表示されます。

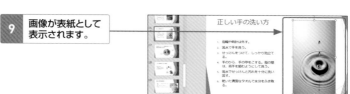

正しい手の洗い方

1. 指輪や時計は外す。
2. 流水で手を洗う。
3. せっけんを手につけて、しっかり泡立てる。
4. 手の甲、手の指先をこする。指の間は、指を組むようにして洗う。
5. 流水でせっけんと汚れを十分に洗い流す。
6. 乾いた清潔なタオルで水分をふき取る。

Question

18

YouTubeの動画を スライドに挿入したい

Answer <オンラインビデオ>でURLを指定すると、 YouTubeに投稿された動画を挿入できます。

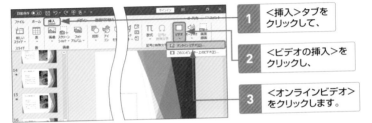

1 <挿入>タブを クリックして、

2 <ビデオの挿入>を クリックし、

3 <オンラインビデオ> をクリックします。

オンライン ビデオ	? ×
オンライン ビデオの URL を入力します:	
https://www.youtube.com/watch?v=5QXtgrUJnCM	
オンライン ビデオの使用には、各プロバイダーの使用条件およびプライバシー ポリシーが適用されます。	
詳細を表示	挿入(I)　キャンセル

4 挿入したい動画の URLを入力して、

5 <挿入>を クリックします。

自衛隊による正しい手洗い方法

6 スライドに YouTube の動画が挿入されま した。

PART 4 写真・動画・音楽の挿入で困った！

2019 2016 2013 365 ▶ 対応バージョン

⚠ 注意 ▶ 接続を事前に確認しよう

挿入した動画をスライドショーで再生するには、インターネットへの接続環境が必要です。また、投稿された動画が削除されたり、URLが変わったりした場合はリンク切れで表示されなくなるので注意しましょう。

91

Question

19

スライド全体にBGMを付けたい

Answer <オーディオの挿入>を利用すると、スライドの表示中にBGMを流すことができます。

1 <挿入>タブをクリックして、

2 <オーディオの挿入>をクリックし、

3 <このコンピューター上のオーディオ>をクリックします。

4 オーディオファイルの保存先フォルダー（ここでは「ドキュメント」）を選択し、

5 オーディオファイルを選択して、

6 <挿入>をクリックします。

7 現在のスライドにオーディオファイルが挿入され、サウンドのアイコンがスライド中央に表示されます。

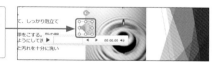

⚠ **注意** サウンドアイコンを移動する

サウンドアイコンは、ドラッグしてスライドの端に移動しましょう。そのままだとスライドショーで中央に表示されてしまいます。表示されないように設定することもできます（P.96参照）。

Question

20

音楽にフェードイン/フェードアウトを設定したい

Answer <フェードイン>や<フェードアウト>は秒単位で指定でき、BGMの開始や終了を自然に見せられます。

---

1 フェードインとフェードアウトを30秒に設定します。サウンドアイコンをクリックして、

2 <再生>タブをクリックし、

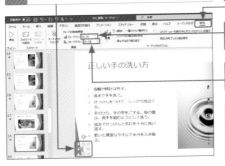

正しい手の洗い方

1. 指輪や時計は外す。
2. 流水で手を洗う。
3. せっけんをつけて、しっかり泡立てる。
4. 手のひら、手の甲をこする。指の間は、両手を組むようにして洗う。
5. 流水でせっけんと汚れを十分に洗い流す。
6. 乾いた清潔なタオルで水分をふき取る。

3 <フェードイン>に「30.00」と入力し、

4 <フェードアウト>に「30.00」と入力します。

5 スライドショーを実行すると、音楽が30秒ずつフェードイン、フェードアウトして再生されます。

📖 **参考** フェードイン、フェードアウトとは

フェードインは、音楽の開始時に少しずつ音が大きくなる効果のことで、フェードアウトは音楽の終了時に少しずつ音が小さくなる効果のことです。より自然に曲を再生できます。

📖 **参考** 長いBGMをトリミングする

1 手順❸で<オーディオのトリミング>をクリックします。

<オーディオのトリミング>では、長い音楽の先頭や末尾の部分を除外して、再生時間を調整できます。フェードイン、フェードアウトと組み合わせて設定できます。

2 <開始時間>を変更するにはここをドラッグし、

3 <終了時間>を変更するにはここをドラッグします。

PART 4 写真・動画・音楽の挿入で困った！ ▶ 対応バージョン 2019 2016 2013 365

93

困った度 😵😵😵😵😵

Question

21

スライド切り替え時に同時に音楽を再生したい

Answer <開始>のタイミングを<自動>に変更すれば、スライドの表示と同時にBGMが再生されます。

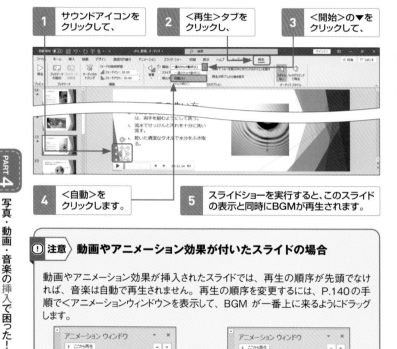

1	サウンドアイコンをクリックして、	2	<再生>タブをクリックし、	3	<開始>の▼をクリックして、

4	<自動>をクリックします。	5	スライドショーを実行すると、このスライドの表示と同時にBGMが再生されます。

⚠ 注意 ▷ 動画やアニメーション効果が付いたスライドの場合

動画やアニメーション効果が挿入されたスライドでは、再生の順序が先頭でなければ、音楽は自動で再生されません。再生の順序を変更するには、P.140の手順で<アニメーションウィンドウ>を表示して、BGM が一番上に来るようにドラッグします。

1	音楽をクリックして選び、一番上までドラッグします。

2	音楽の再生順序が「0」に変わると、スライドの表示と同時に音楽が再生されます。

Question

22

スライドが切り替わっても音楽を再生したい

Answer ＜スライド切り替え後も再生＞を有効にすると、以降のスライドでも音楽の再生が続きます。

---

1 プレゼンテーションのすべてのスライド間でBGMが再生されるよう設定します。先頭のスライドに音楽ファイルを挿入します（P.92参照）。

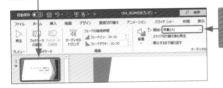

2 ＜開始＞を＜自動＞に設定しておきます（P.94参照）。

---

3 サウンドアイコンをクリックして、

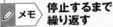

4 ＜再生＞タブをクリックし、

5 ＜スライド切り替え後も再生＞のチェックを入れ、

6 ＜停止するまで繰り返す＞のチェックを入れます。

📖 **参考 ▶ バックグラウンドで再生**

手順**1**の後、スライドアイコンを選択し、＜再生＞タブの＜バックグラウンドで再生＞をクリックすると、手順**2**～**6**の設定がまとめて行われ、スライドショーの開始から終了までの間、自動でBGMが再生されるようになります。さらに、＜スライドショーを実行中にサウンドのアイコンを隠す＞（P.96参照）にチェックが入ります。

✏ **メモ ▶ 停止するまで繰り返す**

ここにチェックを入れると、スライドショーが終了するまでBGMは繰り返し再生されます。スライドショーの途中でBGMが終わると、その後無音になってしまうのを防げます。

PART 4 写真・動画・音楽の挿入で困った！ ▶ 対応バージョン 2019 2016 2013 365

Question

23

サウンドアイコンを非表示にしたい

困った度 ☹☹☹☹☹

Answer 音楽が自動で再生される場合、スライドショーの間はサウンドアイコンを非表示にすると便利です。

1 サウンドアイコンをクリックして、

2 <再生>タブをクリックし、

3 <スライドショーを実行中にサウンドのアイコンを隠す>のチェックを入れます。

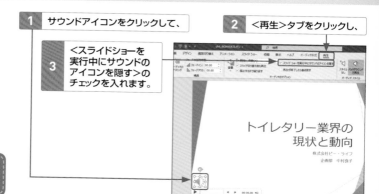

トイレタリー業界の
現状と動向

株式会社ピー・ライフ
企画部 中村良子

4 スライドショーを実行すると、サウンドアイコンが非表示になりました。

トイレタリー業界の
現状と動向

株式会社ピー・ライフ
企画部 中村良子

✐ メモ 別の方法

サウンドアイコンをスライドの外に出してしまっても、サウンドアイコンを非表示にできます。

アイコンをスライドの外までドラッグします。

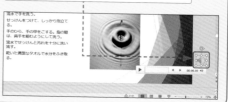

表・グラフの
作成で

困った！

Question

01

スライドに表を挿入したい

Answer プレースホルダーまたは＜挿入＞タブの＜表の挿入＞から、新しい表を挿入できます。

1 プレースホルダーの＜表の挿入＞をクリックします。

> ✏️ **メモ ▶ 別の方法**
>
> ＜挿入＞タブの＜表の追加＞から＜表の挿入＞をクリックすると、プレースホルダーがないスライドにも表を挿入できます。

2 ＜列数＞に列の数を入力し、

3 ＜行数＞に行の数を入力して、

4 ＜OK＞をクリックします。

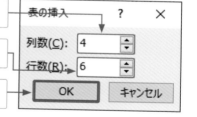

表の挿入	?	×
列数(C):	4	
行数(R):	6	
OK	キャンセル	

5 プレースホルダーに表が挿入されました。

> 📖 **参考 ▶ 表に文字を入力する**
>
> 表の一つ一つのマス目を「セル」と呼びます。セル内をクリックするとカーソルが表示され、文字を入力できます。

Question

02

行・列を
追加/削除したい

Answer ＜レイアウト＞タブの＜上に行を挿入＞などから行や
列を追加でき、＜表の削除＞から削除ができます。

行・列の追加

1 5行目の上に1行追加します。5行目の
いずれかのセルをクリックします。

2 ＜レイアウト＞タブを
クリックし、

3 ＜上に行を挿入＞を
クリックします。

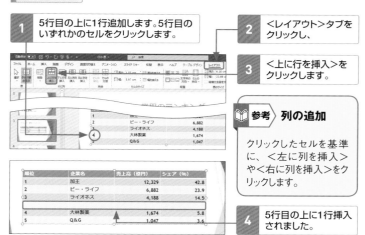

📖 **参考 ＞ 列の追加**

クリックしたセルを基準
に、＜左に列を挿入＞
や＜右に列を挿入＞をク
リックします。

順位	企業名	売上高（億円）	シェア（％）
1	加王	12,329	42.8
2	ビー・ライフ	6,882	23.9
3	ライオネス	4,188	14.5
4	大林製薬	1,674	5.8
5	Q&G	1,047	3.6

4 5行目の上に1行挿入
されました。

行・列の削除

1 追加した行（5行目）を削除します。5行目のいずれかのセルをクリックします。

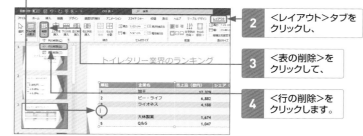

トイレタリー業界のランキング

順位	企業名	売上高（億円）	シェア
1	加王	12,329	
2	ビー・ライフ	6,882	
3	ライオネス	4,188	
	大林製薬	1,674	
5	Q&G	1,047	

2 ＜レイアウト＞タブを
クリックし、

3 ＜表の削除＞を
クリックして、

4 ＜行の削除＞を
クリックします。

99

困った度 ☺☺☺☺☺

Question

03

行・列の高さや幅を揃えたい

Answer 揃えたい行や列を選択しておき、<高さを揃える>や<幅を揃える>をクリックします。

1 3列目と4列目の幅を揃えます。3列目と4列目を選択します（P.101参照）。

2 <レイアウト>タブをクリックして、

3 <幅を揃える>をクリックします。

順位	企業名	売上高（億円）	シェア（％）
1	加王	12,329	42.8
2	ビー・ライフ	6,882	23.9
3	ライオネス	4,188	14.5
4	大林製薬	1,674	5.8
5	Q&G	1,047	3.6

4 列の幅が揃えられました。

順位	企業名	売上高（億円）	シェア（％）
1	加王	12,329	42.8
2	ビー・ライフ	6,882	23.9
3	ライオネス	4,188	14.5
4	大林製薬	1,674	5.8
5	Q&G	1,047	3.6

メモ **複数行の高さを揃える**

対象となる行を選択し、<レイアウト>タブの<高さを揃える>をクリックします。

参考 **幅や高さを変更する**

変更したい個所の境界線にマウスポインターを合わせてドラッグすると、列の幅や行の高さを変更できます。

ここをポイントしてドラッグすると、1列目と2列目の幅が変更されます。

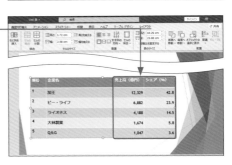

順位	企業名	売上高（億円）	シェ
1	加王	12,329	
2	ビー・ライフ	6,882	
3	ライオネス	4,188	
4	大林製薬	1,674	
5	Q&G	1,047	

困った度 😣😣😣😣😣

セルを結合したい

nswer 隣り合ったセルを選び、＜セルの結合＞をクリックすると、複数のセルをひとつに結合できます。

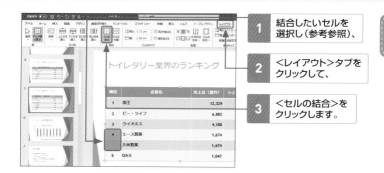

1 結合したいセルを選択し（参考参照）、

2 ＜レイアウト＞タブをクリックして、

3 ＜セルの結合＞をクリックします。

4 セルが結合されました。

📖 **参考** 〉 **表の各部の選択方法**

・**行**：左端をポイントし、➡の状態でクリック（複数行はドラッグ）します。
・**列**：上端をポイントし、⬇の状態でクリック（複数行はドラッグ）します。
・**セル**：セル内をクリック（複数セルはドラッグ）します。
・**表**：表内でクリックし、表の枠線上で白矢印になったら再度クリックします。

Question

05

困った度 😣😣😣😣😣

セルを分割したい

Answer 分割したいセルを選び、＜セルの分割＞をクリックして、分割後の行数と列数を指定します。

1 「4」と入力したセルを上下に2つに分割します。セル内をクリックし、

2 ＜レイアウト＞タブをクリックして、

3 ＜セルの分割＞をクリックします。

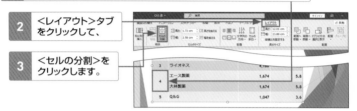

4 ＜列数＞に「1」と入力し、

5 ＜行数＞に「2」と入力して、

6 ＜OK＞をクリックします。

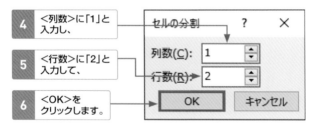

セルの分割　　　　? ✕

列数(C): 1

行数(R): 2

OK　　　　キャンセル

7 セルが上下に分割されました。

順位	企業名	売上高（億円）	シェア（%）
1	加王	12,329	42.8
2	ビー・ライフ	6,882	23.9
3	ライオネス	4,188	14.5
4	エース製薬	1,674	5.8
	大林製薬	1,674	5.8
5	Q&G	1,047	3.6

📖 **参考** **文字は先頭セルに表示**

入力されていた文字は、分割後、先頭のセルにまとめて表示されます。

✏️ **メモ** **分割後の列数と行数を指定**

＜列数＞と＜行数＞には、分割の結果、何列何行のセルになるのかを指定します。

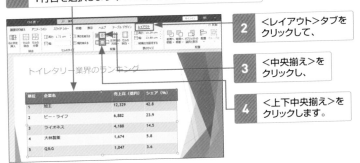

Question

06

セル内の文字の位置を整えたい

Answer セルに文字を入力すると、左上に詰めて表示されます。左右と上下の文字位置は個別に変更できます。

1 1行目の文字を上下左右ともに中央揃えに変更します。1行目を選択します（P.101参考参照）。

2 <レイアウト>タブをクリックして、

3 <中央揃え>をクリックし、

4 <上下中央揃え>をクリックします。

トイレタリー業界のランキング

順位	企業名	売上高（億円）	シェア（%）
1	加王	12,329	42.8
2	ビー・ライフ	6,882	23.9
3	ライオネス	4,188	14.5
4	大林製薬	1,674	5.8
5	Q&G	1,047	3.6

5 1行目の文字が上下左右ともに中央揃えになりました。

トイレタリー業界のランキング

順位	企業名	売上高（億円）	シェア（%）
1	加王	12,329	42.8
2	ビー・ライフ	6,882	23.9
3	ライオネス	4,188	14.5
4	大林製薬	1,674	5.8
5	Q&G	1,047	3.6

✏ メモ 配置の変更に使うボタン

セル内の文字の配置は、<レイアウト>タブの下記のボタンで変更できます。

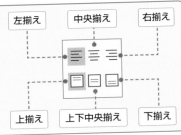

左揃え　中央揃え　右揃え

上揃え　上下中央揃え　下揃え

罫線を引きたい

Answer 表に罫線を追加するには、＜罫線を引く＞を利用します。 セルに斜線を引きたい場合などに便利です。

1 右下のセルに斜線を引きます。表の中をクリックします。

2 ＜テーブルデザイン＞タブをクリックして、

3 ＜罫線を引く＞をクリックします。

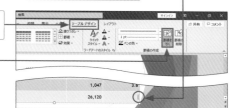

| | 1,047 | 3.6 |
| | 26,120 | |

4 マウスポインターの形が変わります。

5 線を引きたいセルの上でドラッグします。

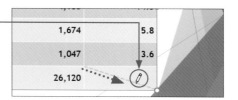

	1,674	5.8
	1,047	3.6
	26,120	

6 セルに斜線が追加されました。

7 表の外をクリックすると、マウスポインターの形が元に戻ります。

企業名	売上高（億円）	シェア（%）
	12,325	42.8
	6,882	23.9
	4,188	14.5
	1,674	5.8
	1,047	3.6
	26,120	

> ✎ **メモ** **マウスポインターを元に戻すその他の方法**
>
> Esc を押すか、＜罫線を引く＞を再度クリックしても、マウスポインターの形が元に戻ります。

Question

08

不要な罫線を削除したい

Answer 罫線は<罫線の削除>で削除できます。行や列の境界線を削除した場合は、セルが結合されます。

1 この斜線を削除します。

2 表の中をクリックします。

3 <テーブルデザイン>タブをクリックして、

4 <罫線の削除>をクリックします。

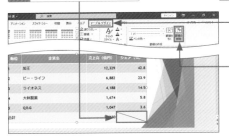

単位	企業名	売上高（億円）	シェア
1	加王	12,329	42.8
2	ビー・ライフ	6,882	23.9
3	ライオネス	4,188	14.5
4	大林製薬	1,674	5.8
5	Q&G	1,047	3.6
合計			

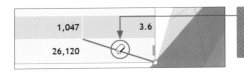

1,047	3.6
26,120	

5 マウスポインターの形が変わります。削除する線をクリックします。

単位	企業名	売上高（億円）	シェア
1	加王	12,329	42.8
2	ビー・ライフ	6,882	23.9
3	ライオネス	4,188	14.5
4	大林製薬	1,674	5.8
5	Q&G	1,047	3.6
合計		26,120	

6 斜線が削除されました。

7 表の外をクリックすると、マウスポインターの形が元に戻ります。

📝 **メモ** **マウスポインターを元に戻すその他の方法**

Esc を押すか、<罫線の削除>を再度クリックしても、マウスポインターの形が元に戻ります。

⚠️ **注意** **境界線を削除するとセル結合になってしまう**

行や列を分割している境界線を削除すると、隣り合ったセルが結合されます。セルは分割したままで、罫線を透明にする方法は、P.107メモを参照してください。

Question 09

罫線の種類や太さを変えたい

Answer <ペンのスタイル>で線の種類を、<ペンの太さ>で線の太さをそれぞれ変更できます。

1 タイトル行下の罫線を、太い破線に変更します。表の中をクリックします。

2 <テーブルデザイン>タブをクリックして、

3 <ペンのスタイル>を▼をクリックし、

4 破線を選択します。

5 <ペンの太さ>の▼をクリックし、

6 太さを選択します。

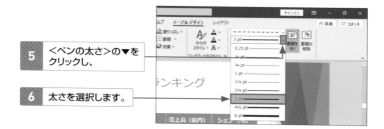

7 <罫線を引く>が選択されています。

8 マウスポインターの形が変わります。

9 罫線の上をドラッグすると、種類や太さが変更されます。

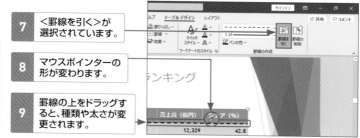

困った度 😣😣😣😣😣

10

罫線の色を変えたい

Answer ＜ペンの色＞で色を変更できます。透明にするには ＜ペンのスタイル＞で＜罫線なし＞を選びます。

| 1 | タイトル行下の罫線の色を茶色に変更します。表の中をクリックします。 |

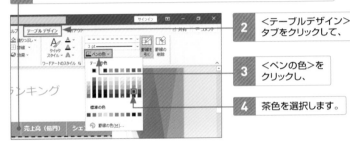

2 ＜テーブルデザイン＞タブをクリックして、

3 ＜ペンの色＞をクリックし、

4 茶色を選択します。

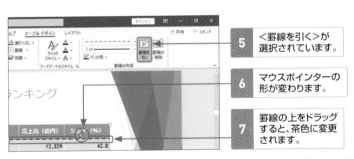

5 ＜罫線を引く＞が選択されています。

6 マウスポインターの形が変わります。

7 罫線の上をドラッグすると、茶色に変更されます。

✎ メモ　罫線を透明にする

＜ペンのスタイル＞で＜罫線なし＞を選び、手順**5**〜**7**のように操作して、表の外をクリックすると、罫線が透明になり、見えなくなります。

1 ＜ペンのスタイル＞で＜罫線なし＞を選び、

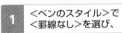

2 ＜罫線を引く＞が選択された状態で罫線の上をドラッグすると、線が透明になります。

Question

11

困った度 😩😩😩😩😩

Excelで作った表を挿入したい

nswer Excelの表をスライドで流用するには、＜コピー＞＜貼り付け＞を利用し、貼り付けの形式を選択します。

1	Excelで表をドラッグして選択し、
2	＜ホーム＞タブをクリックして、
3	＜コピー＞をクリックします。

| 4 | PowerPoint のスライドを選択して、 | 5 | ＜ホーム＞タブをクリックし、 |

6	＜貼り付け＞の▼をクリックして、
7	＜貼り付けのオプション＞から形式を選択すると、
8	表が貼り付けられます。

貼り付けのオプション

❶貼り付け先のスタイルを使用：書式をPowerPointに合わせて貼り付けます。

❷元の書式を保持：Excelの書式を保って貼り付けます。

❸埋め込み：ダブルクリックすると、Excelの機能を使って編集できる形式で貼り付けます。

❹図：表を画像に変換します。

❺テキストのみ保持：表を解除して、文字データだけを貼り付けます。

貼り付けのオプション：

❶ ❷ ❸ ❹ ❺

困った度 😣😣😣😣😣

Question

12

表のデザインを一括で変更したい

Answer <表のスタイル>を適用すると、表全体の色や罫線などをまとめて変更できます。

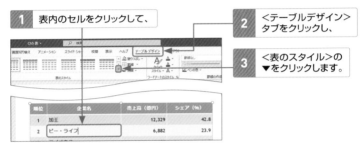

1 表内のセルをクリックして、

2 <テーブルデザイン>タブをクリックし、

3 <表のスタイル>の▼をクリックします。

順位	企業名	売上高（億円）	シェア（％）
1	加王	12,329	42.8
2	ビー・ライフ	6,882	23.9

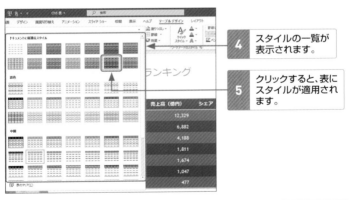

4 スタイルの一覧が表示されます。

5 クリックすると、表にスタイルが適用されます。

売上高（億円）	シェア
12,329	
6,882	
4,188	
1,811	
1,674	
1,047	
477	

📖 **参考　表スタイルを部分的に適用する**

スタイルを適用したくない部分は、<表スタイルのオプション>でチェックを外すと対象外になります。たとえば<縞模様（行）>のチェックを外すと、1行おきに色が変わる設定はなくなります。

☑ タイトル行　☐ 最初の列
☐ 集計行　　　☐ 最後の列
☐ 縞模様（行）☐ 縞模様（列）

表スタイルのオプション

Question

13

困った度 😩😩😩😩😩

PowerPointで 使えるグラフって?

nswer　Excelと同様に、縦棒、折れ線、円、横棒など17
種類のグラフを利用できます。

PowerPointで利用できるグラフの種類

スライドでは、表のような種類のグラフが頻繁に利用されます。
このほかに、等高線、株価、マップ、じょうご（マップとじょうごはPowerPoint
2019のみ）、ウォーターフォールグラフ※、ヒストグラム※、箱ひげ図※、サンバース
ト図※などを利用できます（※はPowerPoint 2013では利用不可）。

種類	特徴と用途	ボタン
縦棒	数値の大きさを縦棒の長さで表すグラフ。あらゆる数値の比較全般に利用できる。	
折れ線	時間の経過による数量・順位の変動を表すグラフ。量より変化を強調したい場合に利用する。	
円	全体に対する項目の割合を表すグラフ。一つの内容の内訳を見せるときに使う。	
横棒	横向きにした棒グラフ。項目が横書きになるため長い項目が読みやすい。アンケート結果の紹介に向く。	
面	折れ線グラフの下側を壁のように塗りつぶしたグラフ。推移とともに全体量を強調できる。	
散布図	縦横の両軸に数値を配置して、交差する位置に点を置いたグラフ。分布状況の把握、分析に使う。	
レーダー	中心からの距離を線で結び、放射状の図形で表示するグラフ。評価のバランスを表すときに使う。	
組み合わせ	縦棒と折れ線など異なる種類を組み合わせたグラフ（P.124参照）。2つの内容の関連を見せる場合に使う。	

対応バージョン 2019 2016 2013 365

Question

14

スライドにグラフを挿入したい

Answer　プレースホルダーの<グラフの挿入>または<挿入>タブの<グラフの追加>からグラフを作成できます。

1 プレースホルダーの<グラフの挿入>をクリックします。

グラフの挿入

📝 **メモ　別の方法**

<挿入>タブの<グラフの追加>をクリックすると、プレースホルダーがないスライドにもグラフを挿入できます。

出典：経済産業省「主なトイレタリー製品の販売金額の推移」

2 グラフの分類（ここでは「縦棒」）をクリックし、

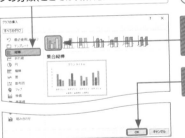

3 詳細な種類（ここでは「集合縦棒」）を選択して、

4 <OK>をクリックします。

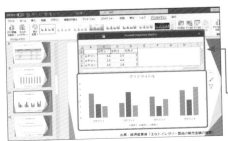

5 仮のグラフとその元になる表のデータシートが挿入されました。

6 データシートの内容を書き換えるとグラフに反映されます（P.112参照）。

出典：経済産業省「主なトイレタリー製品の販売金額の推移」

Question

15

グラフのデータを編集したい

Answer データシートの内容を書き換えて、表の末尾に当たる位置を正しく指定します。

1 データシートに必要な項目名や数値を入力しました。

	A	B	C	D	E	F
1		国内	国外	系列 3		
2	2013年	1900	234	2		
3	2014年	1877	342	2		
4	2015年	1917	356	3		
5	2016年	1808	417	5		
6	2017年	1828	567			
7	2018年	1919	876			
8	2019年	1934	1095			
9	2020年	1864	1256			
10						
11						

Microsoft PowerPoint 内のグラフ

2 不要になったD列が表の範囲に含まれています。

3 D9セルの右下角をポイントして、左へドラッグします。

4 D列がグラフの範囲から除外されました。

	A	B	C	D	E	F
1		国内	国外	系列 3		
2	2013年	1900	234	2		
3	2014年	1877	342	2		
4	2015年	1917	356	3		
5	2016年	1808	417	5		
6	2017年	1828	567			
7	2018年	1919	876			
8	2019年	1934	1095			
9	2020年	1864	1256			
10						
11						

Microsoft PowerPoint 内のグラフ

5 ×をクリックして、データシートを閉じます。

6 入力したデータがグラフに反映されました。

7 <グラフのデザイン>タブをクリックして、

8 <データの編集>をクリックし、<データの編集>をクリックすると、データシートを再び表示できます。

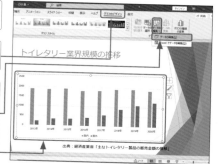

トイレタリー業界規模の推移

出典：経済産業省「主なトイレタリー製品の販売金額の推移」

Question

16

グラフのデータを
並び替えたい

Answer

<Excelでデータを編集>を利用すると、Excelの
並べ替え機能で元のデータの順序を変更できます。

1 円グラフのデータを大きいものから順に
並べ替えます。グラフ内をクリックし、

2 <グラフのデザイン>
タブをクリックして、

3 <データの編集>を
クリックし、

4 <Excelでデータを
編集>をクリックしま
す。

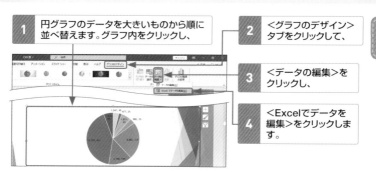

5 Excelが起動して、元データの表
が表示されます。

6 数値のセルをクリックして、

9 売上高の降順でデータが
並べ替えられます。

10 Excelを終了します。

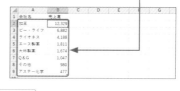

7 <データ>タブ
をクリックし、

8 <降順>を
クリックすると、

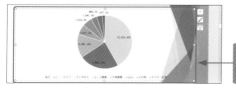

11 円グラフのデータが
大きいものから順に
表示されました。

113

Question

17

データは残したままグラフの種類を変更したい

Ａnswer ＜グラフの種類の変更＞を利用すると、項目や数値はそのままで別の種類のグラフに変更できます。

PART 5 ｜ 表・グラフの作成で困った！

1 縦棒グラフをマーカー付き折れ線グラフに変更します。グラフ内をクリックして、

2 ＜グラフのデザイン＞タブをクリックし、

3 ＜グラフの種類の変更＞をクリックします。

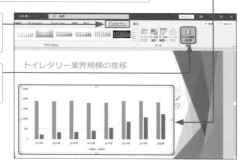

トイレタリー業界規模の推移

4 変更後のグラフの分類（ここでは「折れ線」）を選択します。

5 種類の一覧から「マーカー付き折れ線」をクリックし、

6 ＜OK＞をクリックします。

7 マーカー付き折れ線グラフに変更されました。

◀ 対応バージョン 2019 2016 2013 365

Question

18

グラフの軸に説明を追加したい

Answer 縦軸や横軸に<軸ラベル>を追加すると、数値の単位などを補足する説明書きを表示できます。

1 縦軸に「(億円)」という単位を追加します。グラフ内をクリックして、

2 <グラフのデザイン>タブをクリックします。

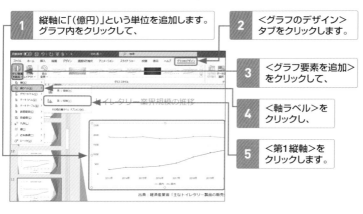

3 <グラフ要素を追加>をクリックして、

4 <軸ラベル>をクリックし、

5 <第1縦軸>をクリックします。

出典：経済産業省「主なトイレタリー製品の販売

6 縦軸に追加された軸ラベルの中をクリックし、

7 「(億円)」と入力します。

8 ラベルの外をクリックすると完了です。

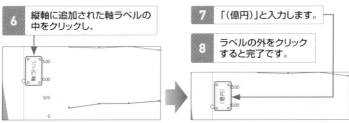

📖 **参考** 軸ラベルを縦書きにする

軸ラベルの上で右クリックして<軸ラベルの書式設定>を選択し、<軸ラベルの書式設定>作業ウィンドウで、<文字のオプション>→<テキストボックス>→<文字列の方向>の▼をクリックして<縦書き>を選択します。

Question

19

グラフにタイトルを追加したい

Answer グラフにタイトルを付けるには、＜グラフタイトル＞を選び、枠内にタイトルを入力します。

1 グラフ内をクリックし、

2 ＜グラフ要素＞をクリックして、

3 ＜グラフタイトル＞のここをクリックし、

4 ＜グラフの上＞を選択します。

5 ここをクリックして、グラフタイトルを入力します。

6 枠の外をクリックすると、タイトルの入力が完了です。

2019 2016 2013 365 対応バージョン

📖参考 **スライドタイトルで代用する場合は不要**

PowerPoint では、スライドタイトルがグラフのタイトルを兼ねることが多く、グラフタイトルを省略するのが一般的です。スライドタイトルと異なる題をあえてグラフに付けたい場合に限って、グラフタイトルを設定しましょう。

Question

20

グラフの目盛り線の間隔を調整したい

Answer 数値の違いが見づらい場合は、＜軸の書式設定＞で縦軸の最大値や目盛り間隔を変更できます。

1 最大値を「2000」に変更し、目盛り間隔を「200」に変更します。縦軸をクリックし、

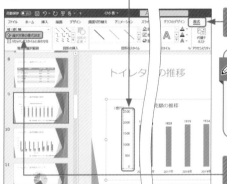

2 ＜書式＞タブをクリックして、

> 📝 **メモ** ほかの方法
>
> 縦軸で右クリックし、ショートカットメニューから＜軸の書式設定＞を選択します。

3 ＜選択対象の書式設定＞をクリックします。

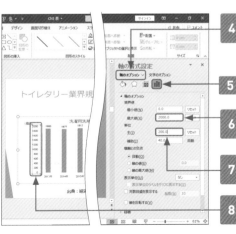

4 ＜軸のオプション＞をクリックし、

5 ここをクリックします。

6 ＜最大値＞に「2000」と入力し、

7 ＜単位＞の＜主＞に「200」と入力すると、

8 縦軸の最大値と目盛り間隔が変更されます。

Question

21

困った度 😣😣😣😣😣

棒グラフの太さを変更したい

Answer 棒グラフの棒は太めの方が安定して見えます。
<データ系列の書式設定>で太さを変更できます。

1 いずれかの棒をクリックして、

2 <書式>タブをクリックし、

3 <選択対象の書式設定>をクリックします。

📝 **メモ　ほかの方法**

棒グラフで右クリックし、ショートカットメニューから<データ系列の書式設定>を選択します。

4 ここをクリックし、

5 <要素の間隔>に100%以下の小さい数値を入力すると、

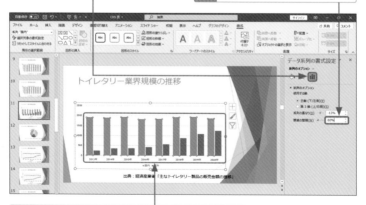

トイレタリー業界規模の推移

出典：経済産業省「主なトイレタリー製品の販売金額の推移」

6 棒と棒の間隔が狭くなり、逆に棒は太くなります。

118

Question

22

困った度 ☹☹☺☺☺

棒グラフの1つだけを
目立たせたい

Answer 棒グラフの棒を2回クリックすると、その要素だけが選択され、他と異なる書式を設定できます。

1 自社の売上の棒グラフ（左から2番目）を目立たせます。ここで2回クリックし、自社の棒グラフを選択します。

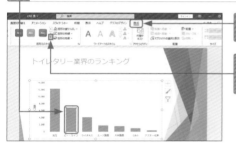

2 <書式>タブをクリックして、

3 <図形のスタイル>の▼をクリックします。

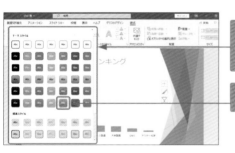

4 色、枠線、特殊効果が設定されたスタイルの一覧が表示されます。

5 スタイルをクリックします。

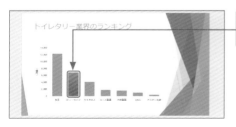

6 自社の棒グラフにスタイルが適用されました。

2019 2016 2013 365 ▶ 対応バージョン

困った度 😣😣😣😣😣

Question

23

折れ線グラフの線の
太さを変更したい

Answer 折れ線グラフが細くて見づらい場合は、＜データ系
列の書式設定＞で線を太くすることができます。

PART 5
表・グラフの作成で困った！

1 太さを変更したい折れ線をクリックして、

2 ＜書式＞タブをクリックし、

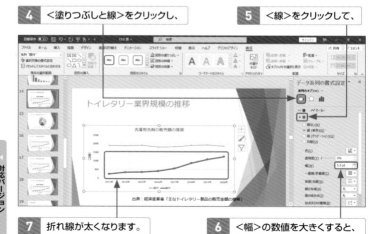

トイレタリー業界規模の推移

3 ＜選択対象の書式設定＞をクリックします。

4 ＜塗りつぶしと線＞をクリックし、

5 ＜線＞をクリックして、

トイレタリー業界規模の推移

洗濯用洗剤の販売額の推移

データ系列の書式設定

出典：経済産業省「主なトイレタリー製品の販売金額の推移」

7 折れ線が太くなります。

6 ＜幅＞の数値を大きくすると、

対応バージョン **2019 2016 2013 365**

120

困った度 😵😵😵🙂🙂

Question 24

円グラフの一部分だけ を切り離して表示したい

Answer 円グラフの一部の扇形（要素）を選んでドラッグ操作で切り離すと、注目を集める効果があります。

1 自社のシェアを表す部分を切り離して目立たせます。切り離したい要素の上で2回クリックして、要素を選択します。

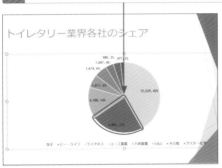

トイレタリー業界各社のシェア

> 📝 **メモ 要素の選択方法**
>
> 円グラフでは、いずれかの扇形を一度クリックすると円グラフ全体が選択され、もう一度クリックするとその要素だけが選択された状態になります。

2 要素の上をポイントして中心から遠くへドラッグすると、要素が切り離されます。

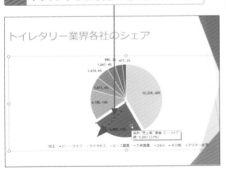

トイレタリー業界各社のシェア

> 📝 **メモ 切り離し前の状態に戻す**
>
> 切り離した要素の上で2回クリックして選択し、中心に向かってドラッグすれば、元の円グラフに戻ります。

Question

25

円グラフにパーセンテージを表示させたい

Answer <データラベル>を追加すれば、それぞれの扇形（要素）の数量やパーセンテージを表示できます。

PART 5 表・グラフの作成で困った！

1 グラフ内をクリックして、

2 <グラフのデザイン>タブをクリックし、

3 <グラフ要素の追加>をクリックして、

4 <データラベル>をクリックし、

5 <その他のデータラベルオプション>をクリックします。

6 <ラベルオプション>をクリックして、

7 ここをクリックし、

8 ここをクリックし、

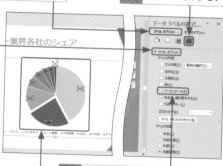

✏️ **メモ ラベルの位置**

データラベルが表示される位置は、<ラベルの位置>から選択できます。

9 <ラベルの内容>で<パーセンテージ>にチェックを入れると、

10 円グラフにパーセンテージが表示されます。

対応バージョン
2019 2021 365

122

Question

26

困った度 😣😣😣 😖😖

Excelで作った グラフを挿入したい

Answer Excelのグラフを流用するには、＜コピー＞＜貼り 付け＞の後、貼り付けの形式を選択します。

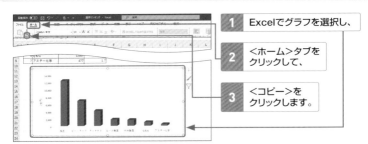

1 Excelでグラフを選択し、

2 ＜ホーム＞タブを クリックして、

3 ＜コピー＞を クリックします。

4 PowerPointのスライドを選択して、

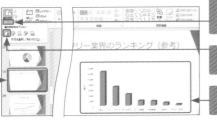

5 ＜ホームタブ＞の ＜貼り付け＞の▼ をクリックして、

6 ＜貼り付けのオプション＞ から形式を選択すると、

7 グラフが 貼り付けられます。

貼り付けのオプション

貼り付けのオプション：

❶貼り付け先のテーマを使用しブックを埋め込む： PowerPointの書式でグラフを貼り付けます。

❷元の書式を保持しブックを埋め込む：Excelの 書式でグラフを貼り付けます。

❸貼り付け先テーマを使用しデータをリンク：PowerPointの書式でグラフをリンク貼 り付けします。

❹元の書式を保持しデータをリンク：Excelの書式でグラフをリンク貼り付けします。

❺図：グラフを画像として貼り付けます。

PART **5** 表・グラフの作成で困った！

2019 2016 2013 365 ▶ 対応バージョン

Question

27

グラフを組み合わせて作りたい

Answer 売上高と利益率のように異なる要素を1つのグラフで表すには、組み合わせグラフを作ります。

PART 5 表・グラフの作成で困った！

売上高と利益率の関連がわかる組み合わせグラフを作成します。 | 売上高を縦棒グラフにします。 | 利益率を折れ線グラフにします。

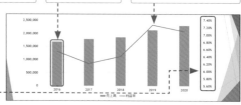

利益率の目盛りを右の縦軸（第2軸）に表示します。

1 プレースホルダーの<グラフの挿入>をクリックします（P.111手順**1**参照）。

2 <組み合わせ>を選択して、

3 <系列1>に「集合縦棒」を選択し、

4 <系列2>に「折れ線」を選択して、

5 <系列2>の<第2軸>にチェックを入れ、

6 ここをクリックします。

7 仮の組み合わせグラフとデータシートが挿入されます。

8 A列に年を入力し、データシートの「系列1」に売上高、「系列2」に利益率を入力すると（P.112参照）、

9 組み合わせグラフに反映されます。

対応バージョン 2019 2016 2013 365

スライド切り替え・
アニメーションで

困った！

困った度 (´・ω・`)(´・ω・`)(´・ω・`)(´・ω・`)(´・ω・`)

Question

「画面切り替え」と「アニメーション」の違いは？

nswer 「画面切り替え」はスライド切り替え時の動き、「アニメーション」はコンテンツの個別の動きです。

「画面切り替え」とは

次のスライドが表示される時になめらかな動きを付ける機能のことで、スマートで洗練されたプレゼンテーションを演出できます。

ただし派手な動きを選ぶと、うるさく感じられる場合もあります。参加者が発表に集中できるよう配慮したうえで利用しましょう。

> 画面切り替えの一例。立方体の面が左から右へ回るように動きながらスライドが表示されます。

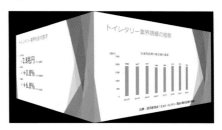

「アニメーション」とは

テキスト、グラフ、画像などに個別に動きを付ける機能のことです。対象がスライド上で動くので、そこに参加者の注目を集めることができます。

アニメーションの目的は「強調」です。発表の中で強く印象付けたい対象を選んで設定しましょう。あちこちに過剰に設定すると強調の意味がなくなります。

> アニメーションの例。棒グラフが下から上へと伸びるように表示されます。

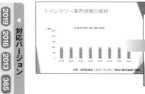

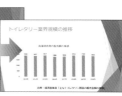

PART **6** スライド切り替え・アニメーションで困った！

2019 2016 2013 365 対応バージョン

126

困った度 ☺☺☺☺☺

Question

02

スライド切り替え時に動きを付けたい

Answer ＜画面切り替え＞タブで一覧から効果の種類を選び、スライドに画面切り替え効果を設定します。

1 「キューブ」という画面切り替え効果を設定します。
＜画面切り替え＞タブをクリックし、

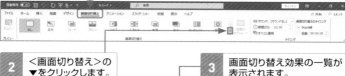

2 ＜画面切り替え＞の▼をクリックします。

3 画面切り替え効果の一覧が表示されます。

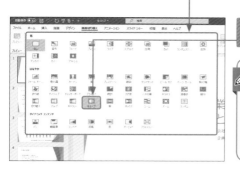

4 ＜キューブ＞をクリックします。

メモ **クリックした効果が再生される**

効果をクリックすると、その動きが一時的にスライドに表示され、内容を確認できます。

5 現在のスライドに画面切り替え効果が設定されます。サムネイルペインのスライド番号の下に星のアイコンが表示されます。

参考 **星のアイコンの意味**

スライド番号下の星のアイコンは、そのスライドに画面切り替えやアニメーションの効果が設定されていることを示します。

PART 6 スライド切り替え・アニメーションで困った！

▶ 対応バージョン 2019 2016 2013 365

Question

03

困った度 😩😩😩😫😫

設定した効果を
プレビューで確認したい

Answer ＜画面切り替えのプレビュー＞を利用すると、画面
切り替え効果がスライドペインで再生されます。

1 画面切り替え効果を設定したスライド（ここ
ではスライド1）のサムネイルを選択します。

2 ここに星のアイコンが
表示されています。

3 ＜画面切り替え＞
タブをクリックし、

4 ＜画面切り替えの
プレビュー＞をク
リックします。

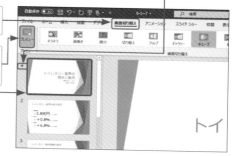

📖 **参考** 星のアイコンの意味

画面切り替え効果が設定されたスライドは、スライド番号の下に星のアイコン
が表示されます。

5 スライド1に設定した画面切り替え効果が
スライドペインで再生されます。

✏️ **メモ** 画面切り替え
効果の削除

画面切り替え効果を設定
したスライドを選択し
て、P.127手順**1**、**2**
の操作後、一覧から「な
し」をクリックします。

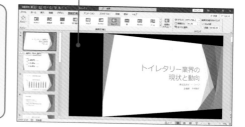

困った度 (×_×)(×_×)(×_×)(·_·)(·_·)

Question

04

すべてのスライドに 同じ効果を設定したい

Answer 画面切り替えを設定したスライドを選び、<すべてに適用>で他のスライドに設定をコピーします。

スライド1に「キューブ」の画面切り替え効果が設定されています(P.127参照)。

1 サムネイルペインでスライド1を選択し、

2 <画面切り替え>タブをクリックして、

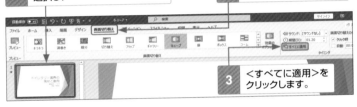

3 <すべてに適用>をクリックします。

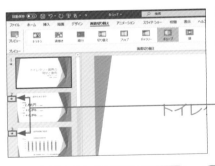

4 スライド1以外のスライドに画面切り替え効果がコピーされました。

5 スライド2以降のサムネイルにも星のアイコンが表示されます。

📝 **メモ** 「画面切り替え」はすべてのスライドに設定する

画面切り替えは、特定のスライドだけではなくすべてのスライドに同じ種類の効果を設定するのが一般的です。P.127の操作後、このページの操作を続けて行いましょう。

📖 **参考** すべてのスライドの画面切り替え効果を解除する

P.127の手順 1、2 で、一覧から「なし」をクリックすると、現在のスライドの画面切り替え効果が削除されます。その後、<すべてに適用>をクリックします。

PART **6** スライド切り替え・アニメーションで困った!

2019 2016 2013 365 対応バージョン

129

Question 05

困った度 ☺☺☺☺☺

一定間隔で自動的に切り替わるようにしたい

Answer <画面切り替えのタイミング>を<自動>に設定し、スライドを切り替えるまでの時間を指定します。

1 10秒経つと自動的に次のスライドが表示されるように設定します。<画面切り替え>タブをクリックし、

2 <自動>にチェックを入れて、

📝 **メモ** 経過時間の指定方法

スライドを切り替えるまでの表示時間を「分：秒」で指定します。

3 ここに経過時間を「00:10.00」と指定します。

4 <すべてに適用>をクリックします。

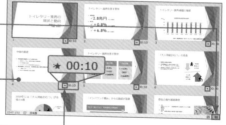

5 スライド一覧表示で設定を確認します。<スライド一覧>をクリックすると、

6 スライドのサムネイルが一覧で表示されます。

7 すべてのスライドに星のアイコンと表示時間が表示されています。

<画面切り替えのタイミング>の使い分け

画面を切り替えるタイミングには、次の3種類の設定があります。

・<クリック時>のみにチェック：クリックしたタイミングで切り替えます。
・<自動>のみにチェック：設定した時間になったら自動的に切り替わります。
・<クリック時>と<自動>の両方にチェック：設定した時間前にクリックすると即時に切り替えられ、クリックしない場合は、設定時間が来ると自動的に切り替わります。

Question

06

切り替えにかかる時間を変更したい

Answer <期間>欄で時間を変更すると、画面切り替え効果が再生されるスピードを調整できます。

1 画面切り替え効果の再生にかかる時間を2秒に変更します。スライド1を選択して、

2 <画面切り替え>タブで<期間>を「02.00」に変更すると、

3 再生時間が2秒に変更されました。

4 <すべてに適用>をクリックします。

5 スライドショーを実行すると（P.160参照）、画面切り替え効果が2秒かけて再生されます。

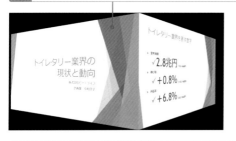

📝 **メモ** **期間の設定方法**

<期間>には、画面切り替え効果の再生にかかる時間を「秒」で指定します。現在よりも秒数を増やせば効果の動きは遅くなり、秒数を減らすと動きは早くなります。

2019 2016 2013 365 ▶ 対応バージョン

Question 07

切り替えに効果音を付けたい

Answer <サウンド>で音の種類を選択すると、画面切り替え効果が再生されるときに効果音を付けられます。

1 カメラのシャッター音を画面切り替えの効果音に設定します。スライド1を選択して、

2 <画面切り替え>タブをクリックし、

3 <サウンド>の▼をクリックすると、効果音の一覧が表示されます。

4 「カメラ」をクリックします。

📖 参考 オリジナルの効果音を使う

手順4で「その他のサウンド」をクリックすると、パソコン内の音声ファイルを効果音として指定できます。

---

5 <すべてに適用>をクリックすると、

6 すべてのスライドの画面切り替えに「カメラ」の効果音が設定されます。

✏️ メモ 効果音の解除

手順4で<サウンド>の一覧から「サウンドなし」をクリックし、<すべてに適用>をクリックします。

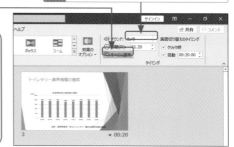

困った度 😣😣😣😣😣

Question 08

アニメーションには どんな種類がある？

Answer 「開始」「強調」「終了」「アニメーションの軌跡」の4 種類に分類されます。

アニメーションの4つの分類

アニメーションには、次の4つの分類があります。使い方に適した分類から効果を 選んで設定しましょう。

・開始
最初は表示されていないオブジェ クトが出現するときの効果です。 スライドの外から現れたり、じわじ わと浮かび上がらせたりすること ができます。

アピール

フェード　スライドイン

ホイール

ランダムスト...　グローとターン

・強調
既に表示されているオブジェクトを その場で動かして強調する効果 です。対象を点滅させたり、回 転させたりすることができます。

パルス

カラー パルス　シーソー

明るく

透過性　オブジェクト ...

・終了
表示されているオブジェクトをスラ イドから消すときの効果です。ス ライドの外へ出ていく、少しずつ 小さくなるといったことができます。

クリア

フェード　スライドアウト

ホイール

ランダムスト...　縮小および...

・アニメーションの軌跡
オブジェクトをスライド上で移動するときの動きを線で指定する効果です。あらかじめ 設定した軌道にそって図形などを動かすことができます（P.144参照）。

PART 6 スライド切り替え・アニメーションで困った！

2019 2016 2013 365 対応バージョン

133

Question

09

アニメーションを設定したい

Answer 対象となるオブジェクトを選択し、＜アニメーション＞タブで効果の種類をクリックします。

画像に「開始」のアニメーション「スライドイン」（スライドの外から滑るように現れる動き）を設定します。

1 画像を選択し、

2 ＜アニメーション＞タブをクリックして、

3 ＜アニメーション＞の▼をクリックします。

4 アニメーション効果の一覧が表示されます。

5 ＜開始＞の＜スライドイン＞をクリックします。

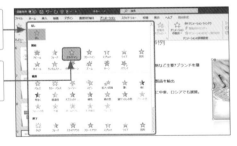

6 画像に番号が追加され、＜スライドイン＞のアニメーションが設定されました。

📝 **メモ** 番号は再生順

番号はスライド内でアニメーション効果が再生される順番です。効果は設定した順に再生されます。

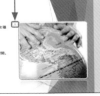

他社の海外展開事例

▶ K社
中国でシャンプー、洗濯用洗剤など主要7ブランドを積極展開

▶ A製薬
タイ、中国を拠点に55か国へ製品を輸出

▶ U社
造生用品をインドネシア中心に中東、ロシアでも展開。

Question

10

設定したアニメーションを
プレビューで確認したい

Answer <アニメーションのプレビュー>を利用すると、設定した効果が一時的にスライドで再生されます。

1 スライドを選択し、

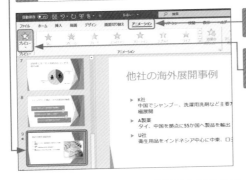

2 <アニメーション>タブをクリックして、

3 <アニメーションのプレビュー>をクリックします。

4 スライドペインで効果の動きが表示されます。

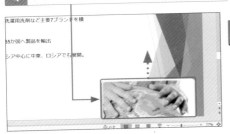

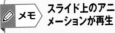

> **メモ** スライド上のアニメーションが再生
>
> 複数のアニメーション効果を設定（P.140参照）したスライドでは、番号順にすべての効果が再生されます。

> 📖 **参考** スライドショーで確認する
>
> 手順 **2** で画面右下の<スライドショー>をクリックすると、手順 **1** で選択したスライドのスライドショーが表示され、プレゼンテーションの本番と同様の動きを確認できます。

2019 2016 2013 365 ▶ 対応バージョン

Question

11

アニメーションを削除したい

Answer アニメーションが設定されたオブジェクトを選択し、効果の種類から＜なし＞をクリックします。

---

1 画像に設定したアニメーションを削除します。画像を選択します。

2 ＜アニメーション＞タブをクリックして、

3 ＜なし＞をクリックします。

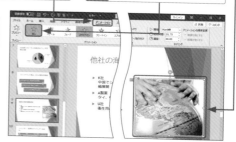

> **メモ 番号が表示**
>
> ＜アニメーション＞タブをクリックすると、オブジェクトの左上に効果の再生順序を表す番号が表示されます。

4 画像のアニメーションが削除され、

5 番号が表示されなくなりました。

> 📖 **参考 アニメーションの一部だけを削除する**
>
> 1つのオブジェクトに設定された複数のアニメーションの一部だけを削除するには、＜アニメーションウィンドウ＞を表示して（P.141参照）、削除したい効果の番号の▼をクリックし、＜削除＞を選択します。
>
> **1** 「1」の効果の▼をクリックし、
>
> **2** ＜削除＞をクリックすると、「1」だけが削除されます。

Question

12

アニメーションの速度を調節したい

Answer <継続時間>の数字を大きくすればアニメーションの速度が遅くなり、小さくすれば速くなります。

---

1 画像に設定されたアニメーションの速度を遅くします。画像を選択して、

2 <アニメーション>タブをクリックし、

3 <継続時間>に今よりも大きい数値（ここでは、「01.50」秒）を指定すると、再生速度が遅くなります。

他社の海外展開事例

▶ K社
中国でシャンプー、洗濯用洗剤など主要7ブランドを積極展開

▶ A製薬
タイ、中国を拠点に55か国へ製品を輸出

▶ U社
衛生用品をインドネシア中心に中東、ロシアでも展開。

📝 **メモ** **<継続時間>の単位**

<継続時間>には、アニメーションの再生にかかる時間を秒数で指定します。

📖 **参考** **複数のアニメーションの一部だけ速度を変更する**

一つのオブジェクトに設定された複数のアニメーションのうち一部の効果の速度を変更するには、<アニメーション>タブをクリックし、対象となる効果の番号をクリックしてから<継続時間>を変更します。

他社の海外展開事例

▶ K社
中国でシャンプー、洗濯用洗剤など主要7ブランドを積極展開

▶ A製薬
タイ、中国を拠点に55か国へ製品を輸出

▶ U社
衛生用品をインドネシア中心に中東、ロシアでも展開。

1 変更したい効果の番号を選択してから、

2 <継続時間>を変更します。

Question

13

アニメーションの方向を変えたい

Answer <効果のオプション>で、アニメーションが表示される方向や再生方法などの詳細を変更できます。

1 画像がスライドの上から表示されるように、設定した効果の詳細を変更します。画像を選択します。

2 <アニメーション>タブをクリックします。

3 <スライドイン>が設定されています。

4 <効果のオプション>をクリックして、

5 <方向>で<上から>をクリックします。

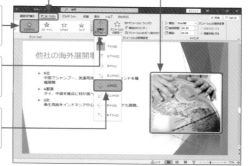

他社の海外展開事例

6 設定した動作を確認します。
<アニメーションのプレビュー>をクリックすると、

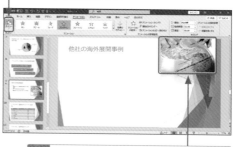

他社の海外展開事例

参考 効果のオプション

<効果のオプション>で指定できる内容はアニメーション効果の種類によって異なります。

対応バージョン 2019 2016 2013 365

7 画像がスライドの上から表示されました。

Question

14

アニメーションを自動で再生したい

Answer　<アニメーションのタイミング>を<クリック時>以外に変更すると、自動的に再生されます。

1　画像に設定したアニメーションがスライドの表示と同時に再生されるようにします。画像を選択し、

2　<アニメーション>タブをクリックします。

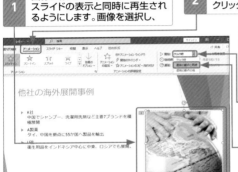

3　番号が「1」と表示されています。

4　<アニメーションのタイミング>に「クリック時」が指定されています。

5　▼をクリックし、<直前の動作と同時>を選択します。

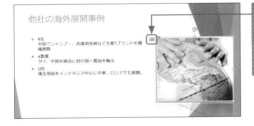

6　番号が「1」から「0」に変更され、スライドの表示と同時に効果が再生されるようになりました。

PART **6** スライド切り替え・アニメーションで困った！

アニメーションの開始方法

<アニメーションのタイミング>では、次の3種類からアニメーションの開始方法を指定できます。

・クリック時：オブジェクトをクリックすると再生されます（初期設定）。

・直前の動作と同時：1つ前のアニメーションと同時に自動で再生されます。

・直前の動作の後：1つ前のアニメーションが再生された後、自動的に再生されます。

対応バージョン 2019 2016 2013 365

Question

15

複数のアニメーションを 設定したい

Answer 同じオブジェクトに複数のアニメーションを設定する には、＜アニメーションの追加＞を利用します。

すでに「開始」のアニメーション「スライドイン」が設定された画像に、 「強調」のアニメーション「パルス」(その場で点滅する動き)を追加します。

1 ＜アニメーション＞タブをクリックして、

2 画像を選択すると、

3 「1」と番号が 表示されます。

4 ＜アニメーションの追加＞をクリックします。

5 アニメーションの 一覧が表示され ます。

6 追加するアニ メーション (ここ では＜強調＞の ＜パルス＞)をク リックします。

7 ＜パルス＞の効 果が追加されま した。

8 画像に番号「2」 が追加されます。

<アニメーションウィンドウ>の利用方法

スライドに複数のアニメーションを設定した場合は、<アニメーションウィンドウ>を表示すると、スライド上のアニメーション効果が一覧表示され、効果の詳細の変更、効果の削除、実行順序の変更などをまとめて設定できます。

1 <アニメーションウィンドウ>をクリックすると、

2 <アニメーションウィンドウ>が表示されます。

3 アニメーション効果が再生順に並びます。

4 ここで番号をクリックすると、

5 対応する番号の効果が選択されます。

テキストのプレースホルダーに設定したアニメーションは段落別に表示されるため、複数の番号が設定されます（P.148参照）。アニメーションウィンドウでは、設定直後、これらの番号は折りたたまれ、一つの効果として表示されます。下の∨をクリックすれば、段落の番号が個別に表示されます。

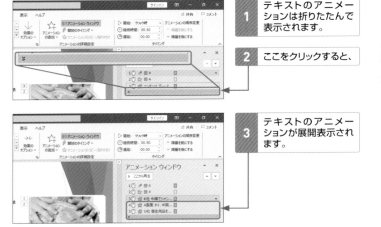

1 テキストのアニメーションは折りたたんで表示されます。

2 ここをクリックすると、

3 テキストのアニメーションが展開表示されます。

141

Question 16

複数のアニメーションを同時に再生したい

Answer 再生順序が後である対象の＜アニメーションのタイミング＞を「直前の動作と同時」に変更します。

1 一段落目のアニメーションが、画像と同時に再生されるようにします。＜アニメーション＞タブをクリックします。

2 画像に「1」と表示され、

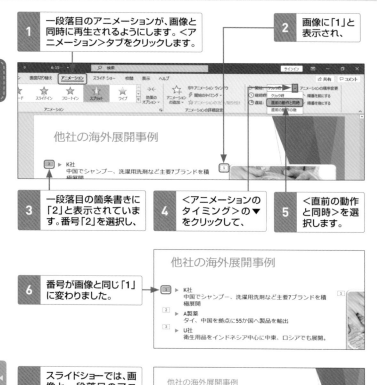

3 一段落目の箇条書きに「2」と表示されています。番号「2」を選択し、

4 ＜アニメーションのタイミング＞の▼をクリックして、

5 ＜直前の動作と同時＞を選択します。

6 番号が画像と同じ「1」に変わりました。

他社の海外展開事例

1 ▶ K社
中国でシャンプー、洗濯用洗剤など主要7ブランドを積極展開
2 ▶ A製薬
タイ、中国を拠点に55か国へ製品を輸出
3 ▶ U社
衛生用品をインドネシア中心に中東、ロシアでも展開。

7 スライドショーでは、画像と一段落目のアニメーションが同時に再生されます。

他社の海外展開事例

▶ K社
中国でシャンプー、洗濯用洗剤など主要7ブランドを積極展開

Question

17

再生順序を変更したい

Answer <アニメーションウィンドウ>で効果をドラッグすれば、再生される順番を変更できます。

1 画像に設定したアニメーションを簡条書きのアニメーションの後に再生します。<アニメーション>タブをクリックすると、

2 画像に番号「1」と表示され、

3 簡条書きに「2」、「3」、「4」と表示されています。

4 <アニメーションウィンドウ>を表示して（P.141参照）、

5 「1」（画像の効果）を「4」（3段落目の簡条書き）の下までドラッグします。

6 画像の効果が一番下に移動し、番号が「4」に変わります。

7 スライドペインの番号も「4」に変更されました。

✏️ **メモ ▷ 別の方法**

スライドペインで画像の番号「4」を選択し、<アニメーションの順序変更>で<順番を後にする>を3回クリックしても同じ結果になります。

Question

18

困った度 😣😣😣😣😣

オブジェクトを軌道に そって動かしたい

Answer <アニメーションの軌跡>を利用すれば、指定した 軌道をたどる動きを図形などに設定できます。

矢印の図形が棒グラフの 頂点を順にたどるアニメー ションを設定します。

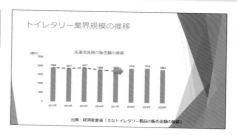

1 図形を選択し、

2 <アニメーション>タブをクリックして、

3 <アニメーション>の▼をクリックします。

4 <アニメーションの 軌跡>の<ユーザー 設定のパス>をク リックします。

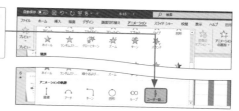

対応バージョン 2019 2016 2013 365

144

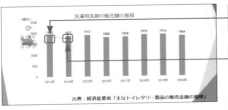

5 最初の棒グラフの頂点をクリックし、

6 次の棒グラフの頂点をクリックします。

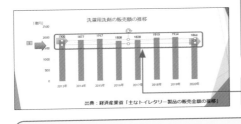

7 手順**5**と**6**を繰り返し、最後の棒グラフの頂点でダブルクリックします。

> **メモ 軌跡の設定方法**
>
> 手順**5**の後、直線の軌跡を描くには角になる位置でクリックし、曲線の軌跡を描くにはドラッグします。最後に終了位置でダブルクリックします。

8 軌跡が設定されました。

> **参考 アニメーションの終了後に図形を元の位置に戻す**
>
> アニメーションで移動した矢印を元の位置に戻すには、<アニメーションウィンドウ>（P.141参照）で軌跡のアニメーションの▼から<効果のオプション>を選択し、<タイミング>タブの<再生が終了したら巻き戻す>にチェックを入れて、<OK>をクリックします。
>
>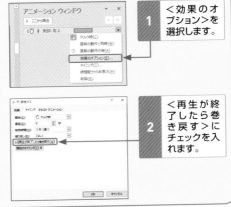
>
> **1** <効果のオプション>を選択します。
>
> **2** <再生が終了したら巻き戻す>にチェックを入れます。

Question
19

アニメーションを
コピーしたい

Answer <アニメーションのコピー/貼り付け>で、効果の種類や詳細な設定を他の対象にコピーできます。

画像に設定したアニメーション（効果：スライドイン、方向：上から、継続時間：1.5秒）をスライド10の表にコピーします。

1 画像を選択して、

2 <アニメーション>タブをクリックし、

3 <アニメーションのコピー/貼り付け>をクリックします。

他社の海外展開事例

4 マウスポインターの形が変わります。

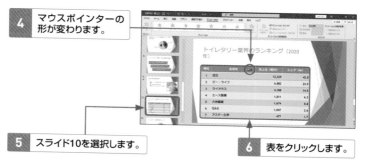

トイレタリー業界のランキング（2020年）

5 スライド10を選択します。

6 表をクリックします。

7 表にアニメーションの設定がコピーされました。

トイレタリー業界のランキング（2020年）

Question 20

アニメーション再生後に オブジェクトを消したい

Answer <アニメーションの後の動作>を指定すると、効果 の再生後にオブジェクトを消すことができます。

矢印の図形に軌跡のアニメーションが設定されています（P.144参照）。
アニメーションの実行後に矢印が消えるよう設定します。

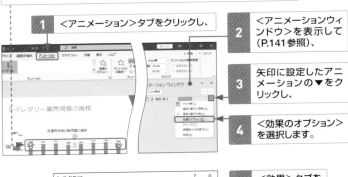

1 <アニメーション>タブをクリックし、

2 <アニメーションウィンドウ>を表示して（P.141参照）、

3 矢印に設定したアニメーションの▼をクリックし、

4 <効果のオプション>を選択します。

5 <効果>タブをクリックして、

6 <アニメーションの後の動作>で<アニメーションの後で非表示にする>を選択して、

7 <OK>をクリックします。

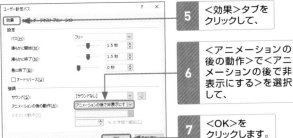

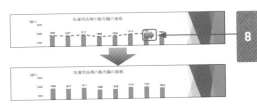

8 軌跡のアニメーションを実行した後、矢印が消えるようになりました。

Question

21

困った度 ☹☹☹☺☺

段落を順番に表示させたい

Answer 箇条書きに「開始」のアニメーションを設定すると、テキストが自動で一段落ずつ表示されます。

箇条書きに「開始」のアニメーション「スプリット」（半分に分かれた状態から全体が表示される動き）を設定します。

1 箇条書きのプレースホルダーを選択して、

2 ＜アニメーション＞タブをクリックし、

3 ＜開始＞の＜スプリット＞をクリックします。

4 「スプリット」が設定されました。

5 再生順序の番号が段落別に表示されます。

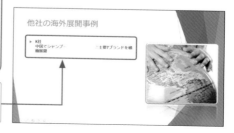

参考 内容を少しずつ紹介できる

＜開始＞のアニメーションを設定すると、箇条書きを説明に合わせて小出しにできるので、発表内容が参加者の頭に入りやすくなります。

6 スライドショーでクリックすると、段落が一つずつ表示されます。

Question 22

アニメーション再生後に文字の色を変えたい

Answer 1段落ずつ表示する箇条書きは＜アニメーションの後の動作＞で表示済みの文字の色を変更できます。

箇条書きのプレースホルダーに「開始」のアニメーション「スプリット」が設定されています。（P.148参照）再生後に文字の色が変わるよう設定します。

1 ＜アニメーション＞タブをクリックし、

2 ＜アニメーションウィンドウ＞を表示して（P.141参照）、

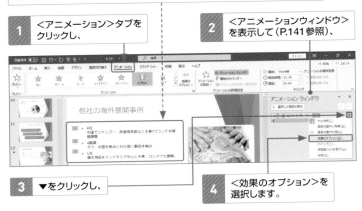

3 ▼をクリックし、

4 ＜効果のオプション＞を選択します。

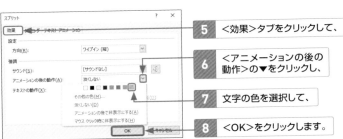

5 ＜効果＞タブをクリックして、

6 ＜アニメーションの後の動作＞の▼をクリックし、

7 文字の色を選択して、

8 ＜OK＞をクリックします。

9 アニメーションが実行された後、段落の文字が薄い緑色に変わります。

Question 23

文字や単語ごとに アニメーションを設定したい

Answer テキストのアニメーションでは、＜効果のオプション＞で文字や単語単位で動くように設定できます。

回転するアニメーションをテキストに設定すると、段落全体が大きく回ってめまぐるしいため、文字単位で回転するように設定を変更します。

1 テキストのプレースホルダーにアニメーション「グローとターン」が設定されています。

2 ＜アニメーション＞タブをクリックし、

3 ＜アニメーションウィンドウ＞を表示して（P.141参照）、

4 ▼をクリックし、

5 ＜効果のオプション＞を選択します。

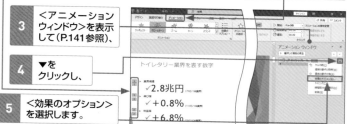

6 ＜効果＞タブをクリックして、

7 ＜テキストの動作＞の▼をクリックし、

8 ＜文字単位で表示＞を選択して、

9 ＜OK＞をクリックします。

10 スライドショーでアニメーションを再生すると、文字単位で回転します。

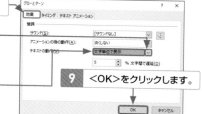

Question

24

グラフの要素に
アニメーションを設定したい

A **nswer** グラフのアニメーションは、＜効果のオプション＞で
グラフ部分の表示の仕方を工夫できます。

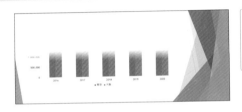

グラフにアニメーションを設定すると、領域全体が一緒に動きます。説明に合わせて棒グラフを色別に動かすように設定します。

PART 6 スライド切り替え・アニメーションで困った！

1 グラフに「開始」のアニメーション「ワイプ」が設定されています。

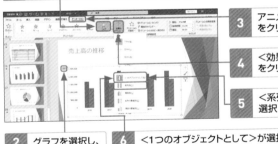

3 アニメーション＞タブをクリックして、

4 ＜効果のオプション＞をクリックします。

5 ＜系列別＞を選択します。

2 グラフを選択し、 **6** ＜1つのオブジェクトとして＞が選択されています。

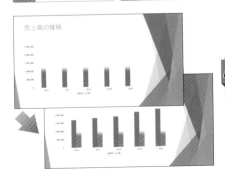

7 棒グラフが色別に表示されます。

📝 **メモ** ＜項目別＞を選んだ場合

手順**6**で＜項目別＞を選択すると、すべての色の棒グラフが塊になった状態で2016年、2017年、と左から順に表示されます。

Question

25

困った度 😣😣😣😑😑

SmartArtの図形を 階層ごとに動かしたい

nswer SmartArtのアニメーションは、＜効果のオプション＞で階層ごとに表示されるよう変更できます。

SmartArtにアニメーションを設定すると、領域全体が同時に1つの塊として動きます。図形が1階層目、2階層目で別々に再生されるようにしましょう。

1 SmartArtに「開始」のアニメーション「ホイール」（巻いた紙を広げるような動き）が設定されています。

2 SmartArtを選択し、

3 ＜アニメーション＞タブをクリックして、

4 ＜効果のオプション＞をクリックします。

5 1つのオブジェクトとして＞が選択されています。

6 ＜レベル（一括）＞を選択します。

7 アニメーションを実行すると、最初に第1階層の小見出し、次に2階層目の内容の順に表示されます。

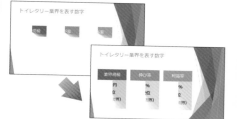

152

資料印刷とプレゼンテーションで

困った！

Question

01

困った度 ☹☹☹☹☹

スライドを印刷したい

Answer <印刷>画面で<フルページサイズのスライド>を
選択して、印刷を実行します。

プレゼンテーションのすべてのスライドを印刷します。

1 <ファイル>タブをクリックします。

2 <印刷>をクリックし、

3 ここで<フルページサイズのスライド>を選択して、

4 <印刷>をクリックすると、

5 A4横向きの用紙1枚にスライドが1枚ずつ印刷されます。

印刷

トイレタリー業界の
現状と動向

株式会社ビー・ライフ
企画部 中村圭子

📖 **参考** 一部のスライドだけを印刷する

<すべてのスライドを印刷>から<ユーザー設定の範囲>を選択し、<スライド指定>に印刷したいスライド番号を半角で入力します。例えばスライド1から5までを印刷するなら「1-5」、スライド3と8を印刷するなら「3,8」と入力します。

✏️ **メモ** 作業中のスライドだけを印刷する

<すべてのスライドを印刷>から<現在のスライドを印刷>を選択します。

2019 2016 2013 365 ◀ 対応バージョン

Question

02

1枚の用紙に複数の スライドを印刷したい

nswer ＜印刷＞画面で＜配布資料＞から、1枚の用紙に印刷したいスライドの枚数を選んで印刷します。

1枚の用紙にスライドを2枚ずつ割り付けて印刷します。

1 ＜ファイル＞タブの＜印刷＞をクリックし、

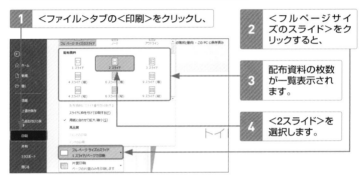

2 ＜フルページサイズのスライド＞をクリックすると、

3 配布資料の枚数が一覧表示されます。

4 ＜2スライド＞を選択します。

5 ＜2スライド＞の配布資料が選択され、

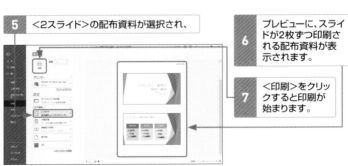

6 プレビューに、スライドが2枚ずつ印刷される配布資料が表示されます。

7 ＜印刷＞をクリックすると印刷が始まります。

📝 **メモ** 用紙の向き

印刷の対象に「配布資料」、「ノート」(P.157 参照)、「アウトライン」(P.159 参照)を選んだ場合、用紙の向きを＜縦方向＞と＜横方向＞から選択できます。

PART 7 資料印刷とプレゼンテーションで困った！

対応バージョン 2019 2016 2013 365

155

Question

03

困った度 😣😣😣😣😣

メモ欄付きで印刷したい

A nswer ＜印刷＞画面で＜3スライド＞の配布資料を選ぶと、右側に罫線が付いたメモ欄を印刷できます。

1 ＜ファイル＞タブをクリックします。

2 ＜印刷＞をクリックして、

3 ＜フルページサイズのスライド＞をクリックし、＜3スライド＞を選択します。

4 プレビュー画面に、メモ欄が右に追加された配布資料が表示されます。

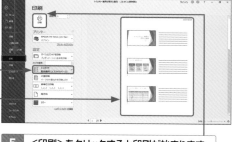

5 ＜印刷＞をクリックすると印刷が始まります。

📖 **参考** 紙の向きを横にした場合

＜用紙の向き＞で＜横方向＞を選択すると、上にスライドが表示され、下にメモ欄が印刷されます。

紙を横置きで印刷すると、メモ欄は下に表示されます。

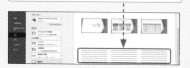

✏️ **メモ** 配布資料をモノクロで印刷する

＜カラー＞をクリックして、＜グレースケール＞を選択すると、色の違いがモノクロの濃淡に置き換えられて印刷され、＜単純白黒＞を選択すると、単純なモノクロで印刷されます。

1 ＜グレースケール＞を選択すると、

2 濃淡のついたモノクロで印刷されます。

困った度 😣😣😌😌😌

Question

04

ノートってどう使うの?

Answer ノートには、補足事項やメモを入力できます。ノートの内容はスライドショーには表示されません。

ノートを入力するための「ノートペイン」を表示します。

1 画面下の<ノート>をクリックすると、

ノートを入力

🔺ノート 🔳 🔠 🔠 🖵 — 🔵—— ＋ 73% ◇

2 スライドペインの下にノートペインが表示されます。

3 ここをクリックして、発表に関するメモなどを入力できます。

4 境界線の矢印部分をドラッグするとノートペインを広げられます。

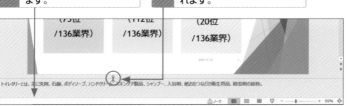

トイレタリーとは、主に洗剤、石鹸、ボディソープ、ハンドクリームなどのスキンケア製品、シャンプー、入浴剤、紙おむつなどの衛生用品、殺虫剤の総称。

🔺ノート 🔳 🔠 🔠 🖵 — 🔵—— ＋ 69% ◇

📖 **参考** **ノート表示に切り替える**

<表示>タブから<ノート表示>をクリックして画面を<ノート表示>にすると、ノートの領域が点線枠で表示されます。この枠内には、文字だけでなく表や画像などを入れることができます。

ノート表示に切り替えると、文字以外の内容を挿入できます。

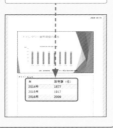

✏️ **メモ** **ノートを印刷する**

ノートは印刷して発表時に手元に持っておくこともできます。ノートを印刷する方法は、P.158を参照してください。

Question

05

ノートを付けて印刷したい

Answer スライドにノートを付けて印刷するには、<印刷>画面で<ノート>を選択します。

困った度 😣😣😣😣😣

1 <ファイル>タブをクリックします。

2 <印刷>をクリックして、

3 <フルページサイズのスライド>をクリックし、

4 <ノート>をクリックします。

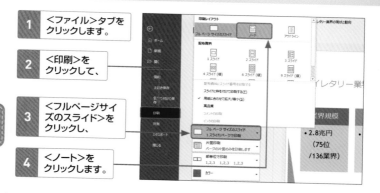

5 <ノート>が選択されました。

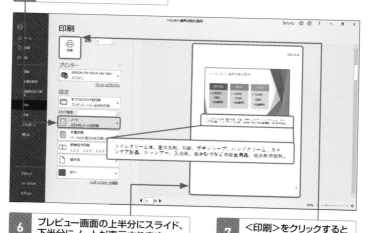

6 プレビュー画面の上半分にスライド、下半分にノートが表示されます。

7 <印刷>をクリックすると印刷が始まります。

Question

06

スライドの
アウトラインを印刷したい

Answer スライドタイトルと箇条書きをまとめて印刷するには、＜印刷＞画面で＜アウトライン＞を選択します。

| 1 | ＜ファイル＞タブをクリックします。 | 2 | ＜印刷＞をクリックして、 |

| 3 | ＜フルページサイズのスライド＞をクリックし、 | 4 | ＜アウトライン＞をクリックします。 |

| 5 | ＜アウトライン＞が選択されました。 |

6 プレビュー画面に、すべてのスライドのタイトルと箇条書きが一覧表示されます。

7 ＜印刷＞をクリックすると印刷が始まります。

📖 **参考 発表の流れの確認に便利**

アウトラインは、発表直前に印刷して目を通しておくと、発表者がスライドの順番を確認し、プレゼンテーションの流れを頭に入れるのに役立ちます。

✏️ **メモ 印刷プレビューの倍率変更**

印刷プレビューの右下にある＜拡大＞や＜縮小＞をクリックすると、プレビューの表示を見やすい倍率に変更できます。

159

Question

07

困った度 ☹☹☹☹☹

スライドショーを実行したい

Answer スクリーンなどにスライドを映すには、＜スライドショー＞ボタンからスライドショーを実行します。

先頭のスライドからスライドショーを開始します。

1 スライド1をクリックし、

2 ＜スライドショー＞をクリックします。

3 先頭のスライドが画面いっぱいに表示され、スライドショーが開始されます。

📖 **参考 スライドショーを中断する**

スライドショーを途中で中断するには、Esc を押します。

✏️ **メモ その他の方法**

次の方法でも、先頭のスライドからスライドショーを開始できます。
・F5 を押す。
・＜スライドショー＞タブで＜先頭から開始＞をクリックする。

📖 **参考 スライドショーの間もタスクバーを利用したい**

手順2で＜閲覧表示＞をクリックすると、画面の下にWindowsのタスクバーが表示された状態でスライドショーが始まります。発表の途中でデスクトップや他のアプリの画面を表示したい場合に便利です。

Question

08

スライドショーを途中から始めたい

nswer　開始するスライドをサムネイルペインで選んでから、<スライドショー>をクリックします。

スライド4からスライドショーを開始します。

1 スライド4を選択し、

2 <スライドショー>をクリックします。

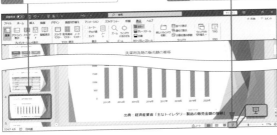

3 スライドショーが開始され、現在のスライド（ここではスライド4）が表示されます。

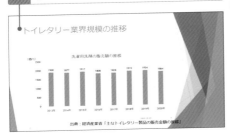

トイレタリー業界規模の推移

📝 メモ　その他の方法

次の操作でも、現在選択しているスライドからスライドショーを開始できます。
・[Shift]を押しながら[F5]を押す。
・<スライドショー>タブで<このスライドから開始>をクリックする。

📖 参考　中断した発表を再開するときに便利

この操作は、何らかの事情でスライドショーを一度中断した場合、続きのスライドから発表を再開したいときに役立ちます。

対応バージョン　2019 2016 2013 365

Question

09

発表者ツールって何?

Answer 発表者専用のスライドショー画面です。現在のスライドだけでなく、次のスライドやノートも確認できます。

発表者ツールの構造

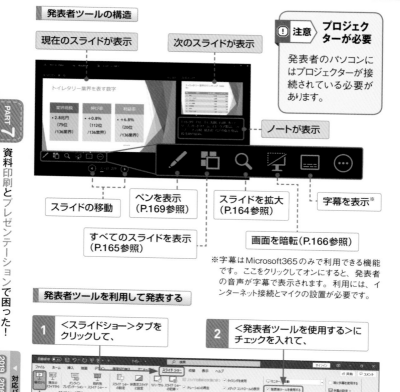

現在のスライドが表示

次のスライドが表示

!注意 **プロジェクターが必要**

発表者のパソコンにはプロジェクターが接続されている必要があります。

トイレタリー業界を表す数字

ノートが表示

スライドの移動

ペンを表示（P.169参照）

すべてのスライドを表示（P.165参照）

スライドを拡大（P.164参照）

画面を暗転（P.166参照）

字幕を表示※

※字幕は Microsoft 365 のみで利用できる機能です。ここをクリックしてオンにすると、発表者の音声が字幕で表示されます。利用には、インターネット接続とマイクの設置が必要です。

発表者ツールを利用して発表する

1 <スライドショー>タブをクリックして、

2 <発表者ツールを使用する>にチェックを入れて、

3 <先頭から開始>をクリックすると、

4 発表者のパソコンには発表者ツールが表示され、スクリーンにはスライドショーが表示されます。

Question

10

スライドショー終了後に タイトルスライドに戻りたい

Answer <スライドショーの設定>画面で、スライドショーを 繰り返し実行するように設定します。

> スライド ショーの最後です。クリックすると終了します。

通常、スライドショーが終わると、「クリックすると終了します」という黒い画面が表示されます。この画面を表示せずに、表紙のスライドに戻るように設定します。

1 <スライドショー>タブをクリックして、

2 <スライドショーの設定>をクリックします。

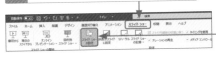

3 <Escキーが押されるまで繰り返す>にチェックを入れて、

4 <OK>をクリックします。

5 スライドショーを実行し（P.160参照）、最後のスライドで Enter を押すと、

6 先頭のスライドが表示されます。

Question

11

スライドの一部を拡大したい

Answer スライドショー実行中に、画面左下のコントロールを使って、スライドの一部を拡大表示できます。

困った度 ☹☹☹☹☹

表の売上高の金額部分を拡大表示します。

1 ここをクリックします。

トイレタリー業界のランキング（2020年）

単位	企業名	売上高（億円）	シェア（%）
1	加王	12,329	42.8
2	ビー・ライフ	6,882	23.9
3	ライオネス	4,188	14.5
4	エース製薬	1,811	6.3
5	大林製薬	1,674	5.8
6	Q&G	1,047	3.6
7	アステー化学	477	1.7

2 マウスポインターの形が虫眼鏡に変わり、拡大される部分が明るく表示されます。

3 拡大したい部分でクリックします。

トイレタリー業界のランキング（2020年）

単位	企業名	売上高（億円）	シェア（%）
1	加王	12,329	42.8
2	ビー・ライフ	6,882	23.9
3	ライオネス	4,188	14.5
4	エース製薬	1,811	6.3
5	大林製薬	1,674	5.8
6	Q&G	1,047	3.6
7	アステー化学	477	1.7

4 拡大表示されました。

メモ 元の倍率に戻す

Esc を押すと、画面の表示倍率が元に戻ります。

企業名	売上高（億円）
加王	12,329
ビー・ライフ	6,882
ライオネス	4,188
エース製薬	1,811
大林製薬	1,674

対応バージョン 2019 2016 2013 365

Question

12

スライドの一覧から特定のスライドを表示したい

Answer スライドショー実行中に、画面左下のコントロールを使って、表示するスライドを選択できます。

スライド2が表示されている状態でスライド6を表示します。

1 ここをクリックします。

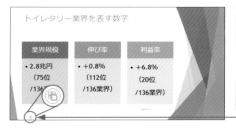

2 すべてのスライドが一覧表示されます。

3 スライド6をクリックします。

> 📖 参考 **質疑応答に便利**
>
> スライドショー後の質疑応答の際、回答の参考になるスライドをすばやく表示したい場合に役立ちます。

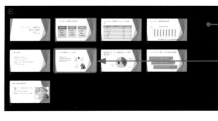

4 スライド6が表示されました。

✏️ メモ **スライド番号でジャンプする**

スライド番号の数字に続けて Enter を押すと、その番号のスライドを表示できます。例えば、4、Enter の順にキーを押すと、スライド4が表示されます。

PART 7 資料印刷とプレゼンテーションで困った！ 2019 2016 2013 365 対応バージョン

165

困った度 😣😣😣😣😣

Question

13

画面を暗転させたい

Answer Ⓑを押すと、画面が黒く暗転します。参加者の注意を別の場所に向けたいときに便利です。

スライドショーを実行しています
（P.160参照）。

1 Ⓑを押します。

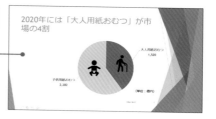

2020年には「大人用紙おむつ」が市場の4割

2 画面が黒一色に
切り替わります。

3 いずれかのキーを押すと、
スライドショーに戻ります。

📝 メモ 画面を白くする

Ⓦを押すと、画面は白一色に切り替えられます。黒の場合と同様、いずれかのキーを押せば、スライドショーに戻ります。

📖 参考 別の方法

スライドショー実行中に画面左下の「…」ボタンをクリックし、＜スクリーン＞から＜スクリーンを黒くする＞＜スクリーンを白くする＞を選択しても、同様に操作できます。

1 ここをクリックして、

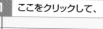

2 ＜スクリーン＞をクリックすると、同様のメニューを選択できます。

Question

14

発表時にマウスポインター を非表示にしたい

Answer ＜矢印のオプション＞を＜非表示＞にすると、発表中にマウスポインターが表示されなくなります。

スライドショーの実行中は、マウスを使わずに3秒経つとポインターが消えますが、再度マウスを動かせば表示されます。マウスを動かしても、ポインターが表示されないように設定します。

1 ここをクリックし、

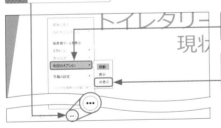

2 ＜矢印のオプション＞をクリックして、

3 ＜非表示＞をクリックすると、マウスポインターが見えなくなります。

✎ **メモ** ポインターを 再表示する

手順**3**で＜自動＞を選択すると、マウスポインターが再び表示されるようになります。

📖 **参考** ポインターを 常に表示する

手順**3**で＜表示＞をクリックすると、マウスを動かさない間もポインターは消えずに表示されたままになります。

✎ **メモ** 別の方法

スライドショー画面で右クリックし、＜ポインターオプション＞→＜矢印のオプション＞から＜常に表示しない＞をクリックしても、同様に設定できます。

2019 2016 2013 365 ▶ 対応バージョン

困った度 😖😖😖😖😖

Question

15

発表時にマウスカーソルを
レーザーポインターにしたい

Answer 画面左下コントロールの＜ポインターオプション＞で
＜レーザーポインター＞を選びます。

スライドショーを実行し
ています（P.160参照）。

1 ここをクリックし、

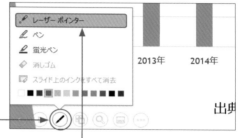

- ✒ レーザー ポインター
- ✐ ペン
- ✐ 蛍光ペン
- ◇ 消しゴム
- ▨ スライド上のインクをすべて消去

2013年　　　2014年

出典

2 ＜レーザーポインター＞をクリックします。

3 マウスポインターが赤い点に変わります。動かすと、光る点が移動します。

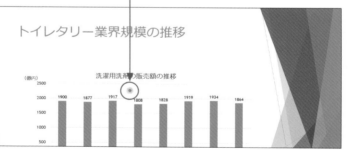

トイレタリー業界規模の推移

(億円)
2500

洗濯用洗剤の販売額の推移

2000　1900　1877　1917　1808　1828　1919　1934　1864

1500

1000

500

📝 **メモ** 元のマウスポインター
に戻す

Esc を押せば、レーザーポインター
のモードが解除され、マウスポイン
ターが元の矢印に戻ります。

💡 **参考** レーザーポインターの
色を変更する

手順**1**を操作した後、表示された
＜インクの色＞の一覧から、利用し
たい色のボタンをクリックします。

Question

16

発表時にスライドに書き込みたい

Answer マウスポインターをペンに変更すると、スライドの注目させたい部分に線などを書き込めます。

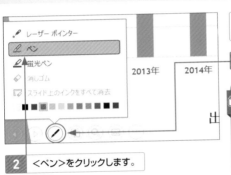

スライドショーを実行しています（P.160参照）。

1 ここをクリックして、

📖 **参考 ペンの色を変更する**

手順 **1** を操作した後、表示された＜インクの色＞の一覧から、利用したい色のボタンをクリックします。

2 ＜ペン＞をクリックします。

3 マウスポインターがペンに変わり、ドラッグして線や文字を描くことができます。

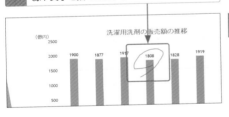

🖊 **メモ マウスポインターを元に戻す**

Esc を押せば、ペンの状態が解除され、マウスポインターが元の矢印に戻ります。

4 スライドショーが終了すると、「インク注釈を保持しますか」というメッセージが表示されます。

5 描いた線を残すには＜保持＞をクリックします。

6 描いた線を削除するには＜破棄＞をクリックします。

PART **7** 資料印刷とプレゼンテーションで困った！

2019 2016 2013 365 対応バージョン

Question

17

使わないスライドは非表示にしておきたい

A nswer 見せたくないスライドは「非表示スライド」に設定すると、スライドショーで表示されなくなります。

スライド7をスライドショーで表示しないよう設定します。

1 スライド7を選択し、

2 右クリックして＜非表示スライドに設定＞をクリックします。

3 スライド番号に斜線が表示され、スライド7が非表示スライドに設定されました。

2020年には「大人用紙場の4割

✏️ **メモ** スライドを再び表示する

非表示スライドに設定したスライドのサムネイルを右クリックし、＜非表示スライドに設定＞を再度クリックすると、スライド番号の斜線が消え、そのスライドがスライドショーでふたたび表示されるようになります。

📖 **参考** 複数のスライドを非表示にする

手順**1**でスライドのサムネイルをクリック後、Ctrl を押した状態で他のサムネイルをクリックすると複数のスライドを選択できます。その後、いずれかのスライド上で右クリックして＜非表示スライドに設定＞をクリックします。

Question

18

目的に合わせて必要な スライドだけを紹介したい

Answer 「目的別スライドショー」を利用すると、スライドを 抜粋したり、順番を入れ替えて発表できます。

目的別スライドショーの登録

1 ＜スライドショー＞タブをクリックし、

2 ＜目的別スライドショー＞ から＜目的別スライド ショーダイアログボック ス＞をクリックします。

3 ＜新規作成＞を クリックします。

4 わかりやすい名前（ここでは 「15分用」）を入力し、

5 スライドショーで表示するスライドに チェックを入れて、

6 ＜追加＞をクリックすると、

7 ここに表示されます。

8 ＜OK＞→＜閉じる＞の順 にクリックします。

目的別スライドショーの実行

1 ＜スライドショー＞タブを クリックし、

2 ＜目的別スライドショー＞ から実行したいスライド ショー（ここでは「15分用」） をクリックします。

171

Question

19

ナレーションを録音したい

Answer <スライドショーの記録>を利用すると、発表の音声やスライド切り替えの時間を記録できます。

スライドショーの記録とは

スライドにナレーションや画面切り替えの設定を記録しておくと、そのスライドショーを実行して、発表者のいない環境でプレゼンテーションを行うことができます。店頭で流すデモ用のスライドショーなどを作る際に役立ちます。

下記の操作では、マイクからの音声やWebカメラの映像のほか、画面切り替えやアニメーションの動き、ペンを使った書き込みが「ナレーション」として記録されます。また、次のスライドが表示されるまでの経過時間が「タイミング」として記録されます。

パソコンにマイクを接続しておきます。

1 <スライドショー>タブをクリックし、

2 <スライドショーの記録>をクリックして、

3 <先頭から記録>をクリックします。

4 ナレーションの記録画面に切り替わります。

5 パソコンにWebカメラが内蔵されていれば、発表者の映像も記録されます。

6 映像を記録しない場合は<カメラを無効にする>をクリックします。

7 <記録>をクリックして3秒後に記録が始まるので、通常のスライドショーと同様に発表を行います。

トイレタリー業界の現状と動向

8 ここをクリックすると、次のスライドが表示されます。

対応バージョン 2019 2016 2013 365

172

9 すべてのスライドの発表が終わりました。

10 ここをクリックすると、記録が終了します。

スライド ショーの最後です。クリックすると終了します。

> ✎ **メモ 映像を記録しない場合**
>
> 手順**12**で静止画の代わりにサウンドアイコンが表示されます。

11 ここをクリックして、スライド一覧表示にすると、

12 スライドの右下にWebカメラの静止画が表示され、

13 スライドに記録された経過時間（タイミング）がここに表示されます。

> ✎ **メモ ナレーションやタイミングの削除**
>
> 記録したナレーションとタイミングは、手順**3**で<クリア>から削除できます。

記録中のナレーション画面の利用方法

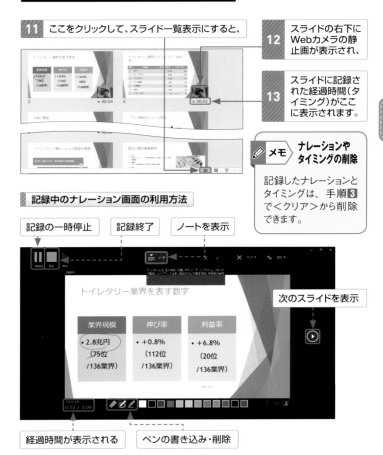

記録の一時停止

記録終了

ノートを表示

次のスライドを表示

経過時間が表示される

ペンの書き込み・削除

173

困った度 😣😣😣😣😣

Question 20

リハーサルをしたい

Answer 「リハーサル」とは、スライドショーの時間を計測して記録する機能です。時間配分の確認に便利です。

1 <スライドショー>タブをクリックして、

2 <リハーサル>をクリックします。

3 スライドショーが開始され、「記録中」ツールバーが表示されます。

4 本番と同じようにプレゼンテーションを行います。

5 最後のスライドの発表が終了すると、「今回のタイミングを保存しますか」と聞かれます。

スライド ショーの所要時間は 0:09:10 です。今回のタイミングを保存しますか?

はい(Y)　いいえ(N)

6 <はい>をクリックします。

7 ここをクリックしてスライド一覧を表示すると、

8 各スライドの下に記録された経過時間が表示されます。

メモ 「記録中」ツールバーの見方

現在のスライドの経過時間　スライドショー全体の経過時間

スライドショーを一時停止

記録中　0:00:06　0:00:06

PART 7 資料印刷とプレゼンテーションで困った！

対応バージョン 2019 2016 2013 365

174

Question

困った度 😣😣😑😑😑

リハーサルで設定した内容を削除したい

Answer リハーサル後に自動でスライドが切り替わる設定を解除するには、＜自動＞をオフにします。

1 リハーサルで設定された表示時間が表示されます。

2 スライド1を選択して、

3 ＜画面切り替え＞タブをクリックし、

4 ＜自動＞のチェックをオフにします。

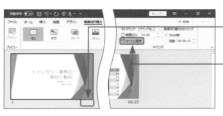

5 スライド1の経過時間が削除されました。

6 ＜すべてに適用＞をクリックします。

7 すべてのスライドの経過時間が削除されました。

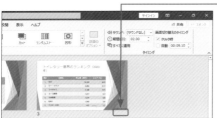

📖 **参考** 画面切り替えのタイミング

手順 **7** の後、＜クリック時＞のみにチェックが残ります。

PART **7** 資料印刷とプレゼンテーションで困った！

2019 2016 2013 365 対応バージョン

175

Question

22

スライドショーを繰り返し行いたい

Answer「自動プレゼンテーション」を実行すると、店頭デモなどのスライドショーを自動再生できます。

プレゼンテーションには、あらかじめナレーションやスライド切り替えのタイミングを記録しておきます（P.172参照）。

1 <スライドショー>タブをクリックして、

2 <スライドショーの設定>をクリックします。

3 <自動プレゼンテーション>を選択すると、

4 <Escキーが押されるまで繰り返す>に自動でチェックが入ります。

5 <OK>をクリックします。

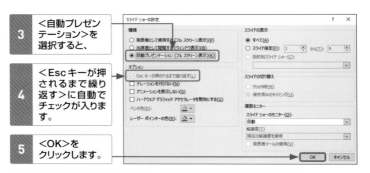

6 スライドショーを実行すると（P.160参照）、Escが押されるまで繰り返しスライドショーが表示されます。

✎ メモ 自動プレゼンテーションを終了する

Escを押すと、プレゼンテーションが終了します。

💡 参考 ナレーションを利用しない場合

自動プレゼンテーションを無音で行う場合は、手順**3**で、<ナレーションを付けない>にチェックを入れておくと、スライドショーでナレーションが再生されなくなります。

Question

23

オンラインで スライドショーを行いたい

A nswer 「オンラインプレゼンテーション」なら参加者がWeb ブラウザーで発表を見られます。

この機能の利用には、発表者、参加者双方にインターネット接続が必要です。

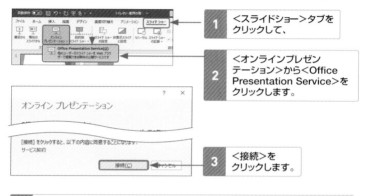

1 ＜スライドショー＞タブを クリックして、

2 ＜オンラインプレゼン テーション＞から＜Office Presentation Service＞を クリックします。

3 ＜接続＞を クリックします。

4 オンラインプレゼンテーションにアクセスするためのリンクが表示されます。

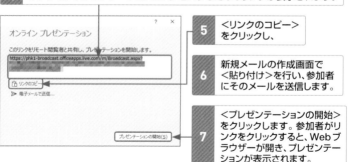

5 ＜リンクのコピー＞ をクリックし、

6 新規メールの作成画面で ＜貼り付け＞を行い、参加者 にそのメールを送信します。

7 ＜プレゼンテーションの開始＞ をクリックします。参加者がリ ンクをクリックすると、Web ブラウザーが開き、プレゼンテー ションが表示されます。

8 スライドショーの終了後、＜オンラインプレゼンテーション＞タブの＜オ ンラインプレゼンテーションの終了＞をクリックし、メッセージ画面で＜オ ンラインプレゼンテーションの終了＞をクリックすると接続が切れます。

PART 7 資料印刷とプレゼンテーションで困った！

2019 2016 2013 365 ▶ 対応バージョン

困った度 😣😣😣😑😑

Question

24

スライドをPDFで保存して配布したい

Answer ファイルをPDF形式で保存すれば、PowerPointを持たない人にも提案内容を見せることができます。

1 <ファイル>タブをクリックします。

2 <エクスポート>をクリックし、

3 <PDF/XPSドキュメントの作成>をクリックし、

4 <PDF/XPSの作成>をクリックします。

5 <ファイルの種類>に<PDF>を選択します。

6 ファイルの保存先フォルダー（ここでは「ドキュメント」）を選択し、

7 ファイル名を入力して、

8 <発行後にファイルを開く>にチェックを入れて、

9 <発行>をクリックします。

10 PDFに対応したブラウザーやPDF閲覧アプリが起動して、保存されたスライドショーの内容が表示されます。

⚠️**注意** **アニメーション効果は削除される**

PDF形式のファイルには、画面切り替え効果、アニメーション、ナレーション、ビデオ、サウンドなどの機能は保存されません。

Question

25

スライドショーを ムービーで保存したい

nswer スライドショーは MP4 などの動画に変換できます。
Web にアップロードして見せたい場合に便利です。

動画にするスライドショーには、事前にナレーションや画面切り替えの
タイミングを記録しておきます（P.172参照）。

1 ＜ファイル＞タブをクリックし、

2 ＜エクスポート＞をクリックして、

3 ＜ビデオの作成＞
をクリックします。

4 ここをクリックして
ビデオの画質を選
択できます。

5 ＜記録されたタイミ
ングとナレーション
を使用する＞を選択
します。

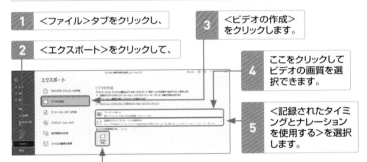

6 ＜ビデオの作成＞をクリックします。

7 ＜ファイルの種類＞をクリックして、ビデオの形式
（ここでは「MPEG-4ビデオ」）を選択します。

8 ファイルの保存先フォルダー（ここでは「ビデオ」）を選択し、

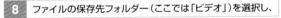

9 ファイル名を
入力して、

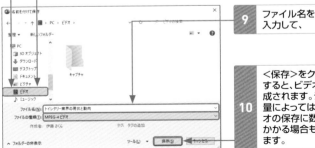

10 ＜保存＞をクリック
すると、ビデオが作
成されます。データ
量によっては、ビデ
オの保存に数時間
かかる場合もあり
ます。

対応バージョン 2019 2016 2013 365

Question

26

他の人と ファイルを共有したい

Answer PowerPointの編集画面で他のメンバーとファイル を共有すると、共同で資料を編集できます。

あらかじめ Microsoft アカウントでサインインしておきます。

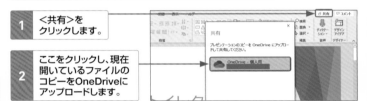

1 <共有>を クリックします。

2 ここをクリックし、現在 開いているファイルの コピーをOneDriveに アップロードします。

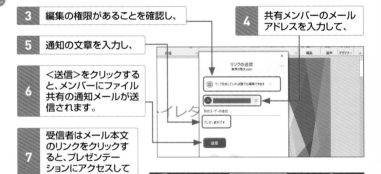

3 編集の権限があることを確認し、

4 共有メンバーのメール アドレスを入力して、

5 通知の文章を入力し、

6 <送信>をクリックする と、メンバーにファイル 共有の通知メールが送 信されます。

7 受信者はメール本文 のリンクをクリックす ると、プレゼンテー ションにアクセスして 内容を編集できます。

8 編集した箇所は強調 表示され、

9 コメントも 追加できます。

10 作業終了後、ファイルを保存すると、メンバーの変更内容が統合されます。

もっと使いこなす！
＋αの活用技

Question 01 アウトライン機能とは？

Answer プレゼンテーションの構成を組み立てながら、同時に文字をスライドに入力する機能のことです。

アウトラインとは

プレゼンテーションを作る時に、手書きでスライド構成のラフスケッチを作ってから、その内容をスライドに入力するのは、二度手間になります。「アウトライン」を利用すれば、最初からPowerPointの画面上で構成を練り、同時にそれをスライドの見出しや文章に落とし込むことができます。

手書きのメモは作らずに、PowerPointで構成を組み立てると効率的

アウトラインの構造

アウトラインは、画面左の「アウトラインペイン」に表示されます。

各スライドの先頭には、「スライド番号」と「スライドアイコン」に続けて「スライドタイトル」が表示され、その下に「箇条書きテキスト」が表示されます。

アウトラインペインで文字を入力すると、スライドペインのプレースホルダーに自動的に追加されます。アウトラインでは、改行するだけでスライドを追加したり、箇条書きを増やしたりすることができるので、新しいスライドの追加（P.25参照）といった余計な操作に中断されることなく、構成を練る作業に集中できます。

スライド番号　スライドアイコン

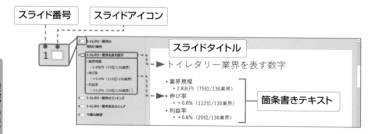

スライドタイトル

トイレタリー業界を表す数字

箇条書きテキスト

アウトラインペイン　スライドペイン

PART 8 もっと使いこなす！＋αの活用技　対応バージョン 2019 2016 2013 365

182

Question

02

アウトライン表示に切り替えたい

Answer <表示>タブで<アウトライン表示>をクリックすると、画面左側にアウトラインが表示されます。

新規のプレゼンテーションを作成し（P.18参照）、表紙のスライドに
プレゼンテーションのタイトルを入力しておきます（P.21参照）。

1 <表示>タブをクリックして、

2 <アウトライン表示>をクリックします。

3 画面の左側がアウトラインペインに変わります。

4 スライド番号が「1」と表示されます。

5 プレゼンテーションのタイトルが表示されます。

📝 **メモ** アウトラインペインを非表示に戻す

アウトラインの作業が終わったら、<表示>タブの<標準表示>をクリックすると、通常の編集画面に戻ります。

Question 03

アウトライン表示
でタイトルを入力したい

Answer アウトラインでは、スライドタイトルを入力して改行すると、次のスライドが自動で追加されます。

アウトラインペインでスライドを追加し、タイトルを入力します。

1 タイトルの末尾をクリックし、Enter を押します。

2 改行され、スライド番号「2」とスライドアイコンが表示されました。

3 新しいスライドが追加されます。

4 スライドタイトルを入力すると、

5 スライドペインにも同時に入力されます。

6 手順1～5を繰り返すと、必要なスライドの追加とタイトルの入力をまとめて行えます。

✎ **メモ** **スライドを削除する**

アウトラインペインに入力したスライドタイトルの文字を削除すると、そのスライドも削除されます。

Question

04

アウトライン表示でスライドの順番を入れ替えたい

Answer アウトラインでスライドアイコンを上下にドラッグすると、スライドを簡単に入れ替えられます。

スライド2をスライド3の下に移動します。

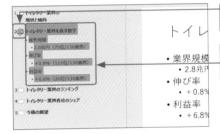

1 スライド2のスライドアイコンをクリックすると、

2 スライドタイトルとその下の箇条書き（P.186参照）がすべて選択されます。

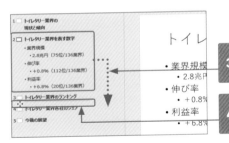

3 マウスのボタンを押したまま、スライド3の下までドラッグします。

4 移動先に横線が表示されたら、ドラッグを終了します。

5 スライド2がスライド3の下に移動しました。タイトルだけでなく箇条書きも一緒に移動します。

6 スライド番号が更新されました。

PART 8 ▶ もっと使いこなす！ ＋αの活用技

Question

05 アウトライン表示で階層に なった箇条書きを入力したい

Answer アウトラインでは、[Tab]などのキーでレベルを変更 すると、階層構造の箇条書きを入力できます。

スライドのテキストのレベル

スライドのテキストには重要度を示すレベルがあり、レベルの高いものから「1」「2」「3」と数字で表します。スライドの内容を簡潔にまとめたタイトルが最上位の「レベル1」となり、メインの箇条書きが「レベル2」、その下の箇条書きが「レベル3」…と階層が深くなるにつれ、レベルが下がります。

アウトラインペインで改行すると、新しい段落は直前の段落と同じレベルになります。レベルを下げるには、段落の先頭で[tab]を押し、レベルを上げるには、[Shift]を押しながら[tab]を押します。

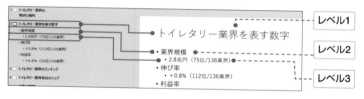

レベル1
レベル2
レベル3

1 スライド2のタイトルの末尾で[Enter]を押すと、改行されて新しいスライドタイトルを入力できる状態になります。

2 新しいスライドが追加されます。

対応バージョン 2019 2016 2013 365

3 `tab` を押します。

4 レベルが1段階下がって、スライド2の箇条書きに変わります。

5 追加されたスライドはなくなり、スライド2に戻ります。

```
1 □ トイレタリー業界の
     現状と傾向
2 □ トイレタリー業界を表す数字
    · |
3 □ トイレタリー業界のランキング
```

6 箇条書きを入力し、`Enter` を押します。

7 改行され、同じレベルの箇条書きを追加できる状態になります。

8 `tab` を押します。

```
1 □ トイレタリー業界の
     現状と傾向
2 □ トイレタリー業界を表す数字
    · 業界規模
    □ |
3 □ トイレタリー業界のランキング
4 □ トイレタリー業界各社のシェア
```

9 レベルが1段階下がったら、テキストを入力します。

10 スライドペインにも下位レベルの箇条書きが入力されます。

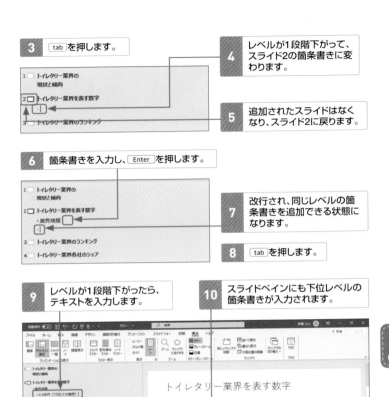

11 `Enter` を押します。

```
1 □ トイレタリー業界の
     現状と傾向
2 □ トイレタリー業界を表す数字
    · 業界規模
      · 2.8兆円（75位/136業界）
      · |
3 □ トイレタリー業界のランキング
4 □ トイレタリー業界各社のシェア
5   今後の展望
```

12 改行され、下位レベルの箇条書きを追加できる状態になります。

13 `Shift` + `Tab` を押します。

```
1 □ トイレタリー業界の
     現状と傾向
2 □ トイレタリー業界を表す数字
    · 業界規模
      · 2.8兆円（75位/136業界）
    · |
```

14 レベルが1段階上がったら、次のテキストを入力します。

15 同様に残りの箇条書きを入力します。

```
1 □ トイレタリー業界の
     現状と傾向
2 □ トイレタリー業界を表す数字
    · 業界規模
      · 2.8兆円（75位/136業界）
    · 伸び率|
```

Question 06

A4サイズ1枚の企画書を作成したい

Answer スライドのサイズをA4用紙に変更すれば、必要事項を一枚にまとめた企画書を作成できます。

1 新規のプレゼンテーションを作成します（P.18参照）。

2 ＜デザイン＞タブをクリックして、

3 ＜スライドのサイズ＞をクリックし、

4 ＜ユーザー設定のスライドのサイズ＞をクリックします。

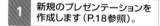

5 ＜スライドのサイズ指定＞で「A4」を選択し、

6 ＜印刷の向き＞の＜スライド＞で「縦」を選択して、

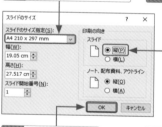
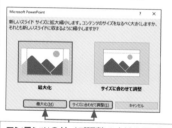

7 ＜OK＞をクリックします。

8 コンテンツのサイズ調整の方法を選びます。＜最大化＞または＜サイズに合わせて調整＞のどちらかをクリックします。

9 スライドサイズがA4用紙縦置きに変更されます。

10 ＜スライドのレイアウト＞から適したレイアウトを選択し、必要な内容を入力して企画書を作成します。

PowerPointで
便利なショートカット

ショートカットキーを使うと、効率のよいスライド作成やスムーズな発表の進行に役立ちます。

プレゼンテーションの編集時

Ctrl + N	プレゼンテーションの新規作成
Ctrl + O	プレゼンテーションを開く
F12	名前を付けて保存
Ctrl + S	上書き保存
Ctrl + P	印刷
Ctrl + W	プレゼンテーションを閉じる
Alt + F4	PowerPointの終了
Ctrl + Z	元に戻す
F4	直前の操作を繰り返す
Ctrl + C	コピー
Ctrl + X	切り取り
Ctrl + V	貼り付け
Ctrl + M	新しいスライドの挿入（P.25参照）
Alt + Shift + C	アニメーションのコピー（P.146参照）

スライドショーの実行時

F5	スライドショーを先頭スライドから開始する
Shift + F5	スライドショーを現在のスライドから開始する
Enter またはスペース	次のスライドを表示する
Back space	前のスライドに戻る
Ctrl + P	マウスポインターをペンにする
Esc	スライドショーを中断する
B	画面を黒に切り替える（P.166参照）
W	画面を白に切り替える（P.166参照）

索 引

た行・な行

は行

ま行・ら行・わ行

■ お問い合わせの例

FAX

1 お名前
技評 太郎

2 返信先の住所またはFAX番号
03-××××-××××

3 書名
今すぐ使えるかんたんmini PowerPoint
で困ったときの 解決＆便利技
[2019/2016/2013/365対応版]

4 本書の該当ページ
92ページ

5 ご使用のOSとソフトウェアのバージョン
Windows 10 Pro
PowerPoint 2019

6 ご質問内容
手順3をクリックできない

今すぐ使えるかんたんmini
PowerPointで困ったときの
解決＆便利技
[2019/2016/2013/365対応版]

2021年2月4日　初版　第1刷発行

著者●木村幸子
発行者●片岡 巖
発行所●株式会社 技術評論社
　　　　東京都新宿区市谷左内町21-13
　　　　電話：03-3513-6150 販売促進部
　　　　　　　03-3513-6160 書籍編集部
装丁●田邉 恵里香
本文デザイン●リンクアップ
編集●伊藤 鮎
DTP●技術評論社制作業務課
製本／印刷●図書印刷株式会社

定価はカバーに表示してあります。

ISBN978-4-297-11847-1　C3055

Printed in Japan

お問い合わせについて

本書に関するご質問については、本書に記載されている内容に関するもののみとさせていただきます。本書の内容と関係のないご質問につきましては、一切お答えできませんので、あらかじめご了承ください。また、電話でのご質問は受け付けておりませんので、必ずFAXか書面にて下記までお送りください。
なお、ご質問の際には、必ず以下の項目を明記していただきますよう、お願いいたします。

1 お名前
2 返信先の住所またはFAX番号
3 書名
　（今すぐ使えるかんたんmini
　PowerPointで困ったときの
　解決＆便利技
　[2019/2016/2013/365対応版]）
4 本書の該当ページ
5 ご使用のOSとソフトウェアの
　バージョン
6 ご質問内容

なお、お送りいただいたご質問には、できる限り迅速にお答えできるよう努力いたしておりますが、場合によってはお答えするまでに時間がかかることがあります。また、回答の期日をご指定なさっても、ご希望にお応えできるとは限りません。あらかじめご了承くださいますよう、お願いいたします。
ご質問の際に記載いただきました個人情報は、回答後速やかに破棄させていただきます。

問い合わせ先

〒162-0846
東京都新宿区市谷左内町21-13
株式会社技術評論社　書籍編集部
「今すぐ使えるかんたんmini
PowerPointで困ったときの
解決＆便利技
[2019/2016/2013/365対応版]」
質問係
FAX番号　03-3513-6167

URL：https://book.gihyo.jp/116